生猪规模养殖户粪污治理行为研究
——以吉林、辽宁为例

◎ 赵俊伟　尹昌斌　著

中国农业科学技术出版社

图书在版编目(CIP)数据

生猪规模养殖户粪污治理行为研究：以吉林、辽宁为例／赵俊伟，尹昌斌著．--北京：中国农业科学技术出版社，2023.3

ISBN 978-7-5116-6096-1

Ⅰ.①生… Ⅱ.①赵…②尹… Ⅲ.①养猪业-粪便处理-研究-吉林②养猪业-粪便处理-研究-辽宁 Ⅳ.①X713

中国版本图书馆CIP数据核字(2022)第241954号

责任编辑 崔改泵
责任校对 李向荣
责任印制 姜义伟 王思文

出 版 者 中国农业科学技术出版社
北京市中关村南大街12号 邮编：100081
电　　话 (010) 82109194(编辑室) (010) 82109702(发行部)
(010) 82109709(读者服务部)
网　　址 https://castp.caas.cn
经 销 者 各地新华书店
印 刷 者 北京建宏印刷有限公司
开　　本 170 mm×240 mm 1/16
印　　张 13.75
字　　数 246千字
版　　次 2023年3月第1版 2023年3月第1次印刷
定　　价 60.00元

资　助

国家社会科学基金重大项目（18ZDA048）

中国工程院重大咨询项目（2015-ZD-16-04）

中国工程院咨询研究项目（2018-XZ-15-04）

作者简介

赵俊伟 男，河南许昌人，管理学博士，2020年毕业于中国农业科学院/中国农业大学。现就职于农业农村部管理干部学院，助理研究员，主要从事乡村产业融合发展、农业绿色发展等方面的教研培工作，主持司局级课题1项。读博期间，先后参与国家社会科学基金重大项目、中国工程院重大咨询项目、农业农村部委托项目、农业农村部软科学研究项目等10余项，参与省、市、县现代农业发展咨询类项目10余项；参编专著10余部，累计发表学术论文20余篇，其中以第一作者在《经济地理》《自然资源学报》《财贸研究》等CSSCI期刊发表论文8篇；获得两项科研学术奖励。

尹昌斌 男，安徽桐城人，经济学博士，中国农业科学院农业资源与农业区划研究所研究员，博士生导师，农业资源利用与区划团队首席，中国农业绿色发展研究会副秘书长、研究部部长，中国农业科学院农科英才·领军人才，国家社科基金重大项目主持人。长期从事区域农业发展战略、农业清洁生产、生态循环农业等方面研究工作。近10年来，主持相关国家或部委重要研究项目30余项，承担世界银行、亚洲开发银行项目多项，出版著作10余部，在国内外学术期刊公开发表论文100余篇，授权发明专利2项。近5年获得中央政治局常委级重要批示3项，获得省部级肯定性批示多项。

前　言

生猪养殖业是我国农业领域的重要产业，关乎人民群众生活、物价稳定和农民增收。随着我国生猪养殖规模化、集约化程度越来越高，部分地区粪污处理技术相对落后，资源化利用率不高，由此产生的粪便污染成为农业主要污染源之一，对农村生活环境带来了较大影响，不利于美丽乡村建设。为此，国家出台了一系列政策法规推动粪污资源化利用，由于缺乏针对不同规模养殖的治理措施，部分地区在粪污治理过程中容易形成"一刀切"，不利于粪污的有效治理，影响生猪养殖业的健康发展。其中，资源要素不匹配、政策与制度不完善等问题成为制约粪污治理的关键。基于此，在保证生猪产能的前提下，全面、合理、高效地推进粪污治理，对于促进生猪养殖业可持续发展和助力农业"双碳"目标实现显得尤为必要。

本书从时间和空间两个维度探讨我国生猪养殖业的发展历程与时空演变，剖析现阶段生猪养殖粪污特征，提出内部化治理与外源性治理的粪污治理方式与路径。首先，基于农牧循环的空间分布和产业链特征，分析生猪养殖户粪污治理方式的选择及相关责任主体的治理策略；其次，运用计划行为理论探讨养殖户治理意愿与治理行为的差异性，并进一步分析影响不同规模养殖户粪污治理行为的关键因素；再次，明晰养殖户粪污内部化治理与利用的决策因素及其成本收益状况；最后，基于外源性治理的适用性，分析养殖户对外源性治理的参与意愿、支付意愿、支付水平及其影响因素，并构建养殖户参与外源性治理的驱动机制。为进一步优化生猪规模养殖粪污治理路径，激发养殖户的粪污治理行为，提高粪污综合利用效果，提出如下对策与建议：以区域资源环境承载力为基础，进一步优化生猪养殖业发展布局；完善生猪规模养殖粪污治理监管制度，针对不同规模养殖粪污治理方式实施分类施策、分级管理；提高粪污内部化治理效益，激发养殖户粪污治理积极性；加强第三方治理的资金支持，推动市场化运作和机制创新，完善政策保障体系。

本书主要是依托尹昌斌研究员主持的国家社会科学基金重大项目“生态补偿与乡村绿色发展协同推进体制机制与政策体系研究”（18ZDA048）、中国工程院重大咨询项目“农业发展方式转变与美丽乡村建设研究”（2015-ZD-16-04）、中国工程院咨询研究项目（2018-XZ-15-04）“面向2035年的华北地区农业废弃物资源化利用战略研究”等科研项目形成的研究成果。

本书凝聚了一些专家学者的辛劳付出，他们是中国农业科学院尹昌斌研究员、王明利研究员、李哲敏研究员、朱立志研究员、陈印军研究员、毕于运研究员、易小燕研究员，中国农业大学陈永福教授、司伟教授、郑志浩教授、武拉平教授、靳乐山教授，中国人民大学曾贤刚教授、王西琴教授，中国社会科学院李国祥研究员，农业农村部农村经济研究中心金书秦研究员，南京农业大学徐志刚教授，在此表示诚挚谢意！

在调研数据和资料获取方面，感谢吉林省和辽宁省从事农牧业管理工作的各位领导和朋友的大力支持，以及配合完成问卷调查和访谈工作的各位养殖户代表。特别感谢吉林省舒兰市原畜牧业管理局赵园、梨树县畜牧业服务中心主任刘彪等同志给予的鼎力相助。

本书可供高等农业院校农林经济管理、资源环境经济学、生态经济学、农业管理、农村发展等专业的本科生和研究生阅读，也可作为相关领域政府部门、科研和教学人员的参考书。书中若有不当之处，敬请各位专家学者和广大读者朋友批评指正！

著　者
2022年9月

目　录

第1章　导论

1.1　研究背景与研究意义

1.1.1　研究背景

1.1.1.1　生猪养殖规模化趋势明显，粪污治理问题日益突出

生猪养殖作为畜牧业支柱产业，在我国农业生产发展过程中一直占据着举足轻重的地位。1978 年以来，我国生猪出栏增长率呈现波动态势，但基本稳定在 3%左右，2017 年全国生猪出栏量达 7.02 亿头。随着养殖业的不断发展，我国生猪饲养规模化程度越来越高，并逐渐朝着中大规模①方向发展。从表 1-1 可以看出，小规模猪场占比从 1998 年的 97.81%下降至 2016 年的 89.32%，中规模养猪场数量占比从 1998 年的 2.12% 增加到 2016 年的 10.48%，大规模猪场数量也有所增加。从不同规模猪场生猪出栏量占全国生猪出栏量的比重看，小规模、中规模、大规模猪场出栏量占比分别从 1998 年的 15.53%、5.82%、1.85%增加到 2016 年的 37.68%、43.52%、16.59%，在一定程度上反映了我国生猪养殖规模化进程越来越快，但中小规模猪场仍占据主体地位。伴随着生猪养殖业迅速发展，粪污产生量快速增加，不能及时就近就地完全消纳，粪污治理难度越来越大。粪便中含有的化学需氧量（COD）、总氮（TN）、总磷（TP）和氨氮（NH_3-N）等物质若不经处理或处理不达标直接排放，将对空气、土壤、水体等造成严重污染[1]，粪污处置不当产生的污染也逐渐成为主要的畜禽养殖污染源。

---

① 基于猪场统计数量的可获得性，这里对养殖规模情况的介绍仅用于展示我国生猪养殖规模化发展趋势。

表 1-1 不同规模猪场数量及占比

年份	小规模			中规模			大规模		
	猪场数量（个）	猪场占比（%）	出栏量占比（%）	猪场数量（个）	猪场占比（%）	出栏量占比（%）	猪场数量（个）	猪场占比（%）	出栏量占比（%）
1998	854 255	97.81	15.53	18 537	2.12	5.82	625	0.07	1.85
1999	792 084	97.56	14.07	19 182	2.36	5.45	641	0.08	1.88
2000	851 264	97.15	14.79	24 304	2.78	5.54	682	0.08	2.00
2001	897 227	97.13	16.64	25 754	2.79	6.82	763	0.08	2.24
2002	1 003 216	96.94	18.57	30 737	2.97	8.08	890	0.08	2.63
2003	1 100 545	96.65	20.04	37 232	3.27	9.10	941	0.08	2.79
2004	1 385 604	96.42	24.08	50 337	3.50	10.69	1 092	0.07	3.08
2005	1 774 308	96.67	27.69	59 874	3.26	11.87	1 260	0.07	3.19
2006	2 039 881	96.82	34.21	65 744	3.12	14.47	1361	0.06	3.69
2007	2 119 659	94.45	37.91	122 788	5.47	25.49	1 853	0.08	5.51
2008	2 257 275	93.22	40.29	161 602	6.67	31.43	2 501	0.10	6.90
2009	2 343 604	92.34	40.50	191 257	7.54	35.00	3 179	0.12	8.21
2010	2 428 051	91.68	41.97	216 687	8.19	39.09	3 679	0.14	9.29
2011	2 507 041	91.33	44.15	233 704	8.51	41.10	4 099	0.15	11.63
2012	2 543 942	90.87	43.09	251 006	8.96	42.53	4 551	0.17	12.46
2013	2 447 139	90.19	41.28	261 513	9.64	43.02	4 769	0.18	13.71
2014	2 381 571	89.9	39.22	262 655	9.91	43.51	4 752	0.18	14.93
2015	2 238 458	89.43	38.20	259 931	10.38	43.06	4 649	0.19	15.64
2016	2 147 221	89.32	37.68	252 040	10.48	43.52	4 572	0.19	16.59

注：数据基于《中国畜牧兽医年鉴》整理得到，由于年鉴是结合生猪出栏范围统计对应的猪场数量，因此，表中不同规模猪场数量变化仅展示规模化养殖趋势。

1.1.1.2 生猪养殖空间分布不均衡，部分区域资源环境压力日益增大

我国生猪养殖业主要分布在中东部地区，从各省区 1996—2016 年生猪出栏量均值排名来看，排名前 5 的省区为四川、湖南、河南、山东、河北。1996 年，5 省区生猪总出栏量 16 486.4万头，占全国出栏量的 40%；2016 年，5 省区出栏量达 22 284.8万头，年均增速 1.76%，占全国出栏量的 32.5%，比重有所下降，在一定程度上表明了中国生猪养殖业的集聚呈现弱化趋势。1996 年以来，“秦岭—淮河”一线以南省区的生猪出栏量增长趋势

相对平稳，部分省区呈现先增后减的趋势，尤其以东部沿海省区表现较为明显；“秦岭—淮河”一线以北省区生猪出栏量基本呈逐年增加态势，位于东北地区的黑吉辽和西北地区的新疆、甘肃等的生猪出栏量增幅较为明显。整体来看，我国生猪养殖分布正逐渐由东南地区向东北、西北和西南地区转移，在中东部地区相对较为集中。从规模猪场分布来看，2007—2015年我国规模猪场的分布密度不断增大，主要集中在我国中东部地区及西部的四川、云南等地，并以中小规模②居多。其中，小规模猪场呈减少态势，而大规模和中规模猪场逐渐增加，且在“秦岭—淮河”以北增幅较为明显，并逐渐向北部和西部地区转移。从不同规模猪场分布密度及变化区域看，我国生猪养殖空间分布界线接近平行于表征人口分布的胡焕庸线，即“黑河—腾冲”线，呈现由东南至西北递减的特征，随着时间推移，胡焕庸线左侧区域大规模、中规模猪场数量逐渐增多。

随着规模化、集约化养殖快速发展，区域性粪污积存量越来越大，土地资源短缺成为生猪养殖业发展的重大制约[2]。生猪养殖发展的时空分布不均衡成为区域性、季节性缺乏粪污消纳地的原因之一。局部地区生猪养殖超出资源环境承载能力，部分养殖场或养殖小区由于缺乏配套农田无法及时就近就地消纳粪污，造成资源环境压力和安全约束，影响生猪养殖业可持续发展。

1.1.1.3 种养业发展方式转变，不利于粪污资源化利用

在传统农业中，农业生产是以一家一户分散的“种植业为主，养殖业为辅”的小农经营模式，种植业与养殖业生产的专业化程度较低，种植业所需肥料以粪肥为主，养殖业以散养为主，粪便主要用于农作物生长追肥及地力培育，因此，在传统农业生产中几乎不存在养殖粪便污染问题。随着现代农业发展进程加快，养殖业逐渐成为农业的重要组成部分，在保障肉产品供应、加大农民增收、促进经济社会稳定发展等方面发挥重要作用，并逐渐实现专业化养殖。与此同时，化肥产业的迅速崛起对粪肥还田利用带来较大冲击，化肥施用的便捷性和速效性使理性的种植户降低了对粪肥使用的偏好程度，化肥逐渐取代粪肥并成为种植业生产的主要投入品，从而使粪肥失去了发挥应用价值的优势。

现代种养业循环发展中存在的诸多问题使传统农业的价值得以被重新认

② 基于《中国畜牧兽医年鉴》整理得到生猪出栏范围对应的猪场数量情况。

识。由于经济发展水平的提高和人们对美好生活的向往，学者们逐渐意识到粪便污染对生态环境和社会稳定发展的危害，并尝试跳出经济学思维范畴探讨传统农业的价值[3,4]。传统农业生产是在长期实践中形成的以物质和能量循环利用为核心的生态循环农业发展模式，而现代种养业的循环链条断裂使得生态系统失衡，养殖粪便不能回流到种植业中，从而阻碍了粪污的资源化利用[5]。

1.1.1.4 环境规制强度不断加大，但相关政策落实不到位

2014年以来，《畜禽规模养殖污染防治条例（国务院令第643号）》（以下简称《条例》）、修订后的《中华人民共和国环境保护法》等相继实施，部分地区也先后出台了相应的规章与章程，并划定生猪养殖禁养区和限养区，对养殖场和养殖小区的选址、建设及管理等提出新的要求，将粪污治理提上了日程。2018年1月，《中华人民共和国环境保护税法》的实施给规模化养殖场增加了压力，尤其是对于粪污处理设施不健全的养殖场来说压力更大。总的来看，已有的大多政策法规只适用于规模化养殖场（小区）③ 的污染防治，忽略了不同规模养殖主体的社会经济特征，也没有针对不同规模养殖主体分类施策，在粪污治理方面容易形成“一刀切”。

随着国家对生态环境保护和畜禽养殖粪污处置问题的重视，用于粪污治理的政策手段逐渐完善，由原来主要采用的命令控制型政策逐渐向命令控制和经济激励相结合的方式转变。经济激励方面主要通过信贷、政府补贴等形式发挥激励作用，提高养殖户粪污治理积极性。虽然《条例》中列出近10项促进畜禽养殖废弃物综合利用的激励措施，其中直接关乎粪污治理经济效益的内容主要有有机肥生产和粪污沼气发电并网等的优惠，但是缺少具体、有针对性的内容和政策，现实中有机肥优惠政策与化肥优惠政策并存不利于促进粪便转向有机肥生产，养殖场分布分散使得沼气发电并网受阻，导致养殖户无法有效获得由粪污资源化利用政策带来的福利[6]。此外，地方政府在经济绩效和环境绩效的权衡中较多默许经济效益和政府绩效最大化[7]，加之监管的技术瓶颈和成本门槛使得地方政府监管力不从心。

1.1.1.5 粪污处理技术模式多样，但缺乏分类施策和分级管理

在当前我国生态环境治理严要求下，伴随着生猪养殖业可持续发展的需要，归纳总结国内外生猪养殖粪污治理技术和经验，我国在粪污处理利用方

③ 生态环境部、农业农村部．《全国畜禽养殖污染防治“十二五”规划》中生猪规模化养殖场（小区）的养殖规模为出栏量>500头。

面主要推广全量收集还田利用、专业化能源利用、异位发酵床处理、污水肥料化利用、深度处理达标排放等多种处理技术模式，并且结合不同地区的资源禀赋特征提出了主推模式④，为不同地区指出了相应的粪污处理技术路径与利用方向，如在东北地区重点推广粪污全量收集还田利用、污水肥料化利用和粪污专业化能源利用，促进了全面推进生猪养殖粪污治理的进程。

然而，粪污综合利用率仍然不高，且存在无害化处理不达标等问题，原因之一是没有针对具有不同社会经济特征的养殖户进行分类施策。近年来，环境规制趋紧使得生猪养殖业门槛越来越高，很多养殖场因粪污处理不达标而被迫关停。现阶段我国生猪养殖“小规模、大群体”的生产特征仍较明显，中小规模养猪场数量依然庞大，养殖的随机性、分散性和隐蔽性等特点增加了粪污治理监管难度[8]，其中，中规模养殖场带来的污染风险较高[9]，小规模养殖场带来的污染最为直接[10]。有不少养殖户因粪污治理成本高，对粪污处理模式和技术认识不系统、不科学，采用简单粗放的处理方式。尽管部分规模化养殖场配备有粪污处理设施，但由于运行维护成本高、缺乏设备管理技术，导致大批已建成设施运行效率较低或运行停滞，如大多以沼气工程为纽带的猪场存在运行管理技术不成熟、产物利用和处理不充分等问题，不仅不利于提高粪污处理效率，还增加了后续产物处理的负担[11]。为实行专业化生产、市场化运营，国务院发布《关于加快推进畜禽养殖废弃物资源化利用的意见》（国办发〔2017〕48号）（以下简称《意见》）指出培育壮大第三方治理企业，但该治理模式适宜何种规模类型的养殖户还缺乏指导性和依据。

1.1.1.6 生猪养殖粪污治理还未形成系统性政策体系与制度安排

我国生猪养殖粪污治理是一项系统工程，但缺乏系统性政策与制度安排。主要表现在以下几个方面：一是种养结合布局的结构性矛盾。在时间上，粪污产出的连续性与种植业肥料需求的季节性要求有足够的农田消纳粪污；在空间上，不能以空间连续的方式与种植业相匹配，即区域内养殖场或养殖密集区没有足够的农田就近就地消纳粪污。二是粪污治理方式仍以养殖户自处理为主，第三方治理模式尚不成熟，还未形成完整的市场化机制，即使已经在有些地区尝试推广，但存在监管机制不完善、监管主体受限及内部监管不规范等问题。三是粪污资源化利用产业链不完整，缺乏有效的运营和

④ 农业农村部.《畜禽粪污资源化利用行动方案（2017—2020年）》（农牧发［2017］11号）。

激励机制，粪污沼气处理产品的商业化程度较低，未充分发挥市场作用，养殖户不能从粪污治理中获得实惠，导致粪污治理积极性降低。

综上可以看出，伴随着我国生猪养殖规模化进程的加快，生猪规模养殖粪污治理问题也越来越受到国家相关部门的重视。农业农村部等多部门联合印发《全国农业可持续发展规划（2015—2030年）》中提出到2020年和2030年养殖废弃物综合利用率分别达到75%和90%以上，规模化养殖场粪污基本资源化利用，实现生态消纳或达标排放。然而，我国在全面推进生猪规模养殖粪污治理方面的任务还十分艰巨，只有以种养结合、农牧循环为主要处理路径，坚持生态环境保护与经济效益并举才能实现粪污治理的可持续。众所周知，粪污治理问题最终落脚在养殖户的治理行为是否发生，那么，如何通过优化粪污治理路径，选择适宜的粪污处理方式，分析促进养殖户粪污治理的关键因素，激发养殖户在养殖过程中将粪污治理真正转化为其自觉行为成为本研究的出发点。

1.1.2 研究意义

1.1.2.1 理论意义

本研究基于行为经济学理论和生态循环理念，对生猪养殖粪污治理方式、粪污治理成本与效率、养殖户治理意愿向行为转化、不同规模养殖户粪污治理行为特征及影响因素、粪污内部化治理和外源性治理的行为选择及其影响因素等方面进行理论探讨和实证分析，相关研究结论一方面有利于丰富和发展农户行为理论和计划行为理论，另一方面有利于推进畜牧经济管理和资源环境经济学科建设与前沿研究方法探索。

1.1.2.2 现实意义

目前，我国出台的关于生猪养殖粪污治理相关政策法规只适用于规模化养殖场和养殖小区的污染防治，尚未针对不同规模养殖主体分类施策，在治理措施方面容易形成“一刀切”，粪污治理相关补贴多以项目形式倾向于规模化程度高的大规模养殖户，且普惠率较低，不利于全面推进粪污治理。本研究基于我国生猪养殖粪污特点及污染成因，提出内部化治理与外源性治理的粪污治理方式，并对两种治理方式下相关责任主体的治理策略进行分析；在阐述不同规模养殖粪污治理现状的基础上，对养殖户治理意愿与行为的一致性及影响不同规模养殖户治理行为的关键因素进行分析，并探讨内部化治理方式下养殖户对不同粪污处理利用方式的行为决策及其成本收益状况；进一步分析外源性治理方式下养殖户对第三方治理的参与意愿、支付意愿及外源性治理的驱动机制。对于引导不同规模养殖户选择更加适宜的粪污处理利用方式，促进粪污资源化利用市场的形成，激发相关责任主体治理粪污的积极性、提高粪污治理效率具有重要意义，并且有助于为政府对不同规模养殖主体进行分类施策以及完善相关政策法规提供决策依据，进而有利于实现粪污治理的可持续，确保生猪生产与生态环保“双赢”。

1.2 国内外研究综述

1.2.1 生猪养殖粪便污染及粪污治理的意愿与行为

1.2.1.1 生猪粪便污染与粪污治理

随着传统的散户养殖向规模化养殖转变，生猪养殖粪便大量集中产生，局部环境压力剧增，粪便污染问题越发突出[12,13]。从区域看，华东、中南地区的生猪粪便排放强度明显高于西北、西南等地区，并且地区分布不均衡的生猪养殖趋势可能还会进一步加剧[14]，区域性粪便排放强度差异将更加突出[15]，同时，规模化养殖也成为粪便污染加重的主要原因之一[16]，粪污的增加对环境和公共健康均可能产生影响，尤其是对水资源造成污染的风险更大[17]。传统经济学理论认为生产规模决定农户行为[18]，并对规模影响养殖污染的问题进行了初步研究，认为小规模养殖能够有效发挥种养循环作用，实现粪污高效利用，然而，小规模养殖由于粪污处理设施设备短缺、处理方式简单，产生的环境污染严重，而中大规模养殖在国家对设施和资金方面的扶持下，虽然粪污处理设施设备健全、粪污处理方式科学，但是运行成本高、可行性差[19]，有研究认为规模养殖受配套粪污消纳地的制约，种植业与养殖业不能有效结合，养殖污染反而更加严重[20]。也有文献显示规模养殖户的环保认知和技术采纳普遍高于非规模化养殖户，由于养殖废弃物处理存在规模经济，养殖户具有粪污治理的积极性，因此，规模化养殖造成的污染程度相对较低[21]。众所周知，粪污是“放错了位置的资源”[22]，通过资源化利用能够发挥其价值，同时能够降低粪污处置不当造成的环境污染，由于外部性的存在，需要政府发挥职能对生猪养殖主体和粪污治理主体进行监督和管理，并对资源要素进行整合，发挥不同要素之间的相互作用，提高粪污的利用效率[23]。

此外，通过明确粪污资源化利用的规章制度与细则，约束并激励相关主体治理粪污的规范性和积极性。如德国在畜禽养殖场建设之前需要将规划设计资料交由农业部门进行审批，其中粪污的处理工艺和具体做法就是审批的主要内容之一，此外，德国《肥料法》对粪便的储存发酵时间要求、不同作物的施用量及施用时间等均作了明确规定[24]；美国制定畜禽养殖管理者认证培训制度，并且在政府资助下，由科研院校提供技术服务，帮助农民制定养分管理计划等[25]。此外，在能源化利用方面，德国制定的《可再生能源法》对可再生能源上网电价和可再生能源优先上网等方面作了强制性要求，对于保障粪污能源化处理利用发挥了重要的推动作用；美国制定的《清洁能源与安全法案》对于提高能源使用效率发挥了积极作用，通过与农户、牧场等签订可再生能源项目促进了养殖粪污的能源化利用[26]；日本制定的《21 世纪新农政》也提出通过沼气等方式发展农村生物质能源[27]；“养猪王国”丹麦没有产生明显的粪便污染，主要得益于政府推出的“绿色增长计划”。

1.2.1.2 养殖户的粪污治理意愿与行为

生猪养殖粪污治理不仅需要政府的推动，更取决于养殖户自身的决策。养殖户作为粪污治理的微观主体，从其行为意愿出发的粪污治理才是实现粪污治理可持续的根本所在。目前，关于粪污治理意愿及其影响因素方面的相关研究较多从养殖户的个体特征、养殖特征、心理认知和社会因素等方面进行探讨[28]。如蒋磊等[29]的研究表明年龄负向影响养殖户对农业废弃物资源化利用意愿；宾幕容等[30]研究发现文化程度对养殖户的粪污治理意愿显著正向影响；陈诗波等[31]通过分析养殖户参与乡村清洁工程意愿发现养殖年限的影响显著为负，也有研究发现粪污处理意愿随着养殖规模的扩大而越来越强烈[32,33]。MacLeod 等[34]认为，成本收益分析是影响农户行为决策的前提条件，因此，物质资本成为影响养殖户粪污治理意愿和行为的关键，如农田面积、家庭经济收入水平等因素显著正向影响农户的农业废弃物资源循环利用意愿[29]。在环境认知方面，张晖等[32]研究得出养殖户的环境认知显著影响其参与意愿。政府部门的重视程度及其宣传培训对促进养殖户粪污治理发挥重要作用[30]，其中，养殖培训对小规模和中规模养殖户的养殖污染无害化处理意愿影响显著，而对大规模养殖户影响不显著[35]。

养殖粪污治理最终取决于治理行为发生与否，已有相关文献对养殖户的治理行为及影响因素开展了大量的研究。研究发现激励措施能够有效促进农户的环保行为[36]，政府补贴在一定程度上弥补了养殖户进行粪污治理的正外部性，且对养殖户的环境治理行为存在正向影响[37]，与命令控制型手段相比，其执行过程更具实效性[38]；潘丹等[39]、朱哲毅等[40]认为养殖规模、经济收入等因素对养殖户的粪污处理行为具有显著影响；林丽梅等[41]研究发现养殖户心理认知对其污染防治行为具有显著正向影响；王桂霞等[42]认为农牧结合程度、政府环境约束、环境补贴是导致规模养殖户粪污资源化利用影响因素差异的主要原因。

1.2.2 生猪养殖粪污处理路径及处置方式的选择

1.2.2.1 生猪养殖粪污处理路径

生猪养殖粪污经有效处理，不仅能够减轻环境污染，而且能产生一定的经济效益和社会效益[43]。实现生猪养殖废弃物的高效处理和资源化利用，对促进生猪产业绿色发展、保障猪肉产品供应、促进农民增收和经济社会稳定发展等具有重要的意义[44]。即使我国不同区域的养殖粪污资源化处理利用受自然条件、农业生产方式、经济发展水平等多种条件综合影响而有所差异，但粪污的资源属性决定了不同区域生猪养殖粪污治理存在共同特征。目前，生猪养殖粪污治理路径主要有肥料化处理利用、能源化处理利用和深度处理达标排放⑤等。

（1）肥料化处理还田利用。养殖粪污经过适当加工处理可以转化为优质的农业有机肥料[45]，并且能够处理转化为根瘤菌生长的培养基提高豆科植物固氮作用[46]，在一定程度上改善土壤肥力。其中，猪粪在好氧状态下，利用微生物发酵产生的高温杀灭病原菌和虫卵，实现粪肥的无害化，将粪肥中的有机废弃物转化成腐熟基质；污水在厌氧状态下，通过厌氧发酵进行无害化处理形成液态肥。在配套的农田进行施肥和灌溉期间，将粪污肥料化后的产物还田利用，既能改善土壤环境生物性能，也有利于提高作物产量[47]。还田利用要求粪污存储收集、干湿分离、无害化处理、运输等机械设施在种类和数量上高度匹配，并配套适当规模的农田和适宜的粪肥还田手段[48]，适用于配套有适宜大小农田面积的中小型猪场，施肥季节性较强，且施肥量受到限制，若处理不适当可能对地下水、空气造成污染[49]。此外，粪肥施用受养殖规模的影响[50]。在英国，猪场一般匹配相应面积的农田，粪肥经处理后还田利用；加拿大作为生猪养殖粪便堆肥最为广泛的国家之一，生猪粪便与秸秆

⑤ 达标排放处理利用方式在本研究中作为一种处理路径进行介绍，由于该处理利用方式普及率较低，不作为本研究的重点研究内容。

等废弃物混合发酵，污水经储存池发酵后灌溉还田[51]。

（2）能源化处理利用。将养殖粪污经沼气工程进行厌氧发酵，产生的产品进入市场，并且在沼气处理过程中产生的污水和余热能够循环用于沼气工程，实现循环利用[52]。Menardo 等[53]从能源化路径出发，认为畜禽粪便与作物秸秆等经过厌氧发酵处理产生的沼气对于农村能源消费结构有一定的促进作用。产生的沼渣和沼液对于植物生长具有较高的应用价值，可进一步处理后生产农用有机肥[54]。此外，沼液中的氨和铵盐等对农作物虫害有着直接杀灭作用。因此，沼液又是防治病虫害的无污染、无残毒、无抗药性的“生物农药”[55]。

能源化处理利用主要依据生态学原理，遵循能量流和物质流循环规律，将种植业和养殖业有机结合起来，以猪场粪污等废弃物资源化、无害化、减量化处理为前提，以能源化利用为核心，以土地消纳为纽带，根据生猪粪污排放量和作物生长需要，将猪场产生的粪便污水经过厌氧发酵处理后，产生的沼气用于生活生产的取暖、照明等，沼渣、沼液施用于农田或者作为有机肥进行出售，实现种养业循环发展。但是，沼气处理较多侧重于处理技术的改进，而对末端产生的沼渣、沼液等的再利用缺乏合理指导。此外，相关研究表明，有机肥市场培育滞后制约了粪污利用的经济效益转化，不利于粪肥和沼肥的综合利用[56]，低温不利于沼气生产[57]，养殖户分散分布使得沼气发电并网工程建设滞后，受到多种因素制约使得养殖户投资粪污处理设施无利可图。能源化适用于处理所有猪场的高浓度污水，能源回收率和粪污综合利用率高，经济效益和环境效益好。但是，前期投入大，对操作人员技术要求高[10]，需要一定面积土地或有机肥市场[58]。丹麦政府鼓励将养殖粪污通过沼气进行能源化处理，并且在投资和产品利用方面进行支持，近 10%的畜禽粪便由沼气厂进行能源化处理，约 20%的畜禽养殖户选择沼气处理粪污，在能源化处理过程中主要采用厌氧发酵工艺保留粪便的营养成分用于粪肥生产[51]。

（3）深度处理达标排放。深度处理达标排放主要通过格栅对污水进行过滤，运用微生物等方式对污水进行分解处理，降低污水中的 COD、TN、TP 等，达到国家污水排放标准[59]。将生猪养殖产生的粪污进行固液分离，固体废弃物出售或经处理后循环利用，液体废弃物进行厌氧发酵、好氧处理及后处理等工业手段实现达标排放[60]，其主要适用于土地紧张、粪便产生量大的猪场，污水能够达到国家排放标准，实现达标排放或不对外排放，但资金投入较大，运行成本高，对操作人员技术要求高，经济效益较低[61]。

1.2.2.2 养殖户对粪污处置方式的选择

不同地区自然资源禀赋状况和生猪饲养方式各异使得粪污处置方式多种多样。关于粪污处置方式的划分也没有统一的标准。已有研究对粪污不同处置方式进行了不同角度的研究，如从处理技术视角将粪污处置方式分为稳定塘处理、厌氧生物处理和厌氧好氧生物处理[62]；从粪便处置方向视角分为废弃、直接还田、生产沼气、出售、有机肥处理等[39]；从粪污处理利用角度分为田间蓄粪池、异位发酵床生物降解、种养专业一体化处理和第三方集中处理等方式[63]。其中，直接还田利用方式操作简单，节约了成本，但需要匹配相应的土地，且容易造成二次污染[64]；养殖户建立沼气池生产沼气既能避免粪便环境污染，也能得到清洁能源，但存在投资较大、专业技术缺乏等问题[65]；生产有机肥要求养殖场配套有机肥生产设施，同样对技术和资金要求高[10]。资金和技术也是制约中小规模养殖户粪污治理的主要因素[66]，而且，小规模养殖采取的粪污处置方式造成的污染最为直接，中大规模由于资源要素匹配不到位造成污染的风险系数最高[10]。潘丹等[39]分析了生猪养殖户对废弃、直接还田、生产沼气、出售、有机肥处理等几种方式的选择行为，结果显示养殖户的选择行为受年龄、受教育年限、耕地面积、养殖规模、环境认知等因素影响，并指出养殖户对不同处置方式的选择行为存在替代关系。孔凡斌等[67]研究发现，养殖年限、耕地面积、养殖规模、环保政策认知等因素影响规模化养殖户选择不同的养殖废弃物处置方式；虞祎等[68]研究发现养殖规模对养殖户进行环保投资具有显著正向作用，养殖规模也是养殖户对环境行为做出理性选择的关键因素[69]。此外，经济因素和政策因素也是影响养殖户选择不同粪污处理方式的关键因素，贷款困难的养殖户选择修建沼气池进行能源化处理的可能性较小[70]，收入水平显著影响养殖户对粪污处理方式的选择[71]；政府政策在促进养殖户选择环境友好型行为中起关键作用[21,71]，政府补贴促使养殖户选择更加环保的粪污处理方式[68,72]。对养殖粪污进行合理处置最终是为了实现粪污资源化利用，防止粪便污染，已有研究显示，粪污资源化利用主要受到农田面积[73]、环境认知[74]、政府补贴[67]、养殖规模[42]等因素影响。

1.2.2.3 养殖户对第三方治理方式的选择

第三方治理作为养殖粪污治理的发展方向，有利于发挥市场机制在粪污治理中的作用，本节主要从第三方治理领域与实践、第三方治理的参与意愿及支付意愿等方面进行综述。

（1）第三方治理领域与实践研究。环境污染第三方治理是排污者或政府以契约的形式委托第三方治理企业对污染物进行专业化治理的新模式[75]。美国制定的《清洁空气法》鼓励企业通过市场进行排污权交易，成为在环境污染治理方面最早推行第三方治理的国家；英国《废物管理许可证制度》采用许可证方式对废弃物处理行为进行管制[76]；日本等发达国家也相继实施了环境污染的第三方治理[77]。第三方治理作为一种借助社会力量参与污染治理的方式，叶敏等[78]以杭州市为例分析第三方治理生活垃圾存在相关主体责任不明晰以及市场机制不完善等问题；董嘉明等[79]认为政府在推进环境污染第三方治理中应加强宏观调控和监管等职能；宋金波等[80]将第三方治理应用于垃圾焚烧发电项目，分析了影响项目收益因素的因果关系，并运用系统动力学模型模拟分析了项目收益变化情况；张国兴等[81]以秸秆发电项目为例，基于委托—代理模型对政府和项目投资商进行博弈分析，寻求政府在该项目中的最优补贴策略。在环境规制作用下，养殖户在无法实现粪污治理时，一般需要从市场上购买相应的服务弥补自身不足[82]。可见，由第三方治理企业提供的粪污处理社会化服务显得越发重要。第三方治理的引入不仅能够克服养殖户在粪污处理方面的资金与技术难题[83]，还能实现粪污资源化利用潜力[84]。

（2）第三方治理参与意愿相关研究。生猪规模养殖粪污的第三方治理，源于养殖户对粪污处理社会化服务的需求。已有研究表明，服务主体对社会化服务的需求受多种因素的影响，包括年龄、学历等个人特征[2,6]，生产收入水平、经营规模等经营特征[85,86]，并且不同类型服务主体需求意愿的影响因素各异[87,88]，服务主体在面临资金短缺、技术手段匮乏、劳动力和抗风险能力不足时，就会选择从市场上购买相应的服务克服生产过程中存在的缺陷[82]。

（3）第三方治理的支付意愿与支付水平相关研究。支付意愿是受益者为获取一定数量的产品（服务）而愿意为其支付费用，其大小反映受访对象对该产品（服务）的偏好及对其价值认可程度[89]。受访者对粪污处理社会化服务付费具有自愿性和条件性特征[90]，自愿性是指养殖户在充分知情的情形下是否愿意自行交易，条件性是指在接受相关服务后才付费。并不是所有接受社会化服务的主体都愿意购买该服务并为其付费，愿意付费的标准也有差异[91]，已有不少学者对其相关内容进行积极探索。在支付意愿影响因素方面，王克俭等[92]使用条件价值评估法分析7省规模化生猪养殖场对污染防治的支付意愿，结果显示收益过低是不愿意支付的主要原因；潘亚茹等[93]分析大理州奶牛养殖户参与养殖粪污治理的支付意愿，结果表明养殖规模、耕地面积等因素影响较为显著；何可等[46]通过分析农户对农业废弃物资源化生态补偿支付意愿，结果发现收入占比、经营规模、对环境状况评价等因素显著影响农户支付意愿；此外，表征受访者基本特征的年龄、受教育水平[93-95]等因素显著影响其支付意愿。关于支付水平影响因素方面的研究，葛颜祥等[96]利用条件价值评估法（CVM）对黄河流域居民生态补偿支付水平进行分析，结果显示受教育水平、收入水平显著正向影响其支付水平；何可等[97]分析农民为农业废弃物资源化利用生态价值的支付意愿，结果显示支付水平不仅受收入水平、受教育水平的影响，还受环保认知的制约；唐旭等[95]通过对农村居民生活垃圾处理缴费的支付意愿分析显示年龄因素显著影响其支付水平；郭霞等[98]对农技推广服务外包农户支付水平影响因素分析中并试图将与乡镇政府的距离引入进行分析，距离越远其支付水平越高。目前，关于受益者付费机制已经纳入畜禽养殖废弃物资源化利用相关政策文件中，但尚未得到学者们重视，少数研究也是以宏观定性分析为主[99,100]，而通过意愿调查并运用计量模型对微观主体进行实证研究较少。已有学者依据“污染者付费”原则，针对养猪污染第三方治理付费行为及其影响因素进行了探究，并分析了污染者付费难以执行的原因[101]。

1.2.3 粪污治理绩效与困境

养殖粪污的“污染性”与“资源性”决定了粪污治理的公共性和复杂性，粪污治理不仅是地方政府的一己之责，更需要养殖户的积极参与。然而，我国生猪养殖粪污治理主要依靠政府选取典型推动，通过典型模式试点并推广粪污治理技术，制定相应规章、规程、规范，通过税收、补贴及经济制裁等奖惩措施引导制约相关利益主体的粪污治理行为[102]，养殖主体的有限理性使其缺乏自主进行粪污治理的积极性，未形成良性发展机制。当前的生猪市场价格并未反映粪污治理成本，市场价格形成机制不利于推动养殖主体投资环保设施[103]。粪污资源化产品相关市场培育滞后制约相关技术经济利益的转化，例如，有机肥市场发育滞后不利于沼渣等废弃物的综合利用，分布式并网工程建设滞后不利于沼气发电工程多余电上网实现经济价值。此外，由于信息的稀缺性和不对称性，养殖者对养殖过程、粪污的利害、排污状况等的认知比受污染者更加了解，受经济利益驱使而故作隐瞒，出现粪污不经处理或处理不达标进行排放对周围环境造成污染[104]。然而，我国环保监管体系不健全、监管力度不够，难以发挥作用，养殖主体的私人成本小于社会成本但并没有承担或较少承担多于私人成本的那部分成本，造成严重的负外部性。对此，公共物品理论和外部性理论也对此进行了阐释，其中，养殖导致环境污染是由“成本外溢”造成的外部不经济[105]，环境的公共物品属性决定养殖者的污染排放行为具有显著的负外部性，而这种外部性很少受到养殖者的关注，进而有了“公地悲剧”[106]。虽然已有研究对养殖废弃物治理的经济绩效进行分析，并得出通过扩大养殖废弃物治理规模提高治理经济绩效的结论[107]，但是，不同规模养殖户在粪污治理的成本投入、技术和管理水平等方面均存在差异。

政府失灵主要表现为环境政策失灵和环境管理失灵[108]。一是不同部门的工作目标及利益诉求不同，导致政策执行脱节。如保供给一直是农业农村部门的工作目标，各级农业农村部门也将畜牧业发展作为产业结构调整、实现经济增长的把手，而环保并非其核心职能，在政策执行过程中，政策制定与政策执行的脱节不断被放大[7,109]。二是生猪养殖粪污治理涉及环保、畜牧等多个政府部门，易在治理过程中出现部门之间缺乏沟通交流，管理交叉导致的政策衔接不够、管理低效、监管不力等问题，尚未形成各部门相互协作的良性工作机制。此外，具有相应职能的政府部门在环境管理过程中可能会发生寻租行为，养殖污染屡禁不止[110]，最终导致畜禽养殖环境陷入“边治理、边污染”的困境。

1.2.4 文献评述

通过国内外相关文献梳理，学术界在养殖粪污治理方面取得较为丰富的成果，相关理论也得到比较充分的发展。其中，生猪养殖粪便污染与粪污治理相关研究结论对于探讨我国生猪规模养殖粪污治理路径提供借鉴；养殖户的粪污治理意愿与行为相关研究结论为分析养殖户治理意愿与行为的差异性及不同规模养殖户治理行为影响因素奠定基础；关于粪污处理路径和处置方式的相关研究结论为分析养殖户内部化治理和外源性治理粪污的行为决策提供参考；养殖粪污治理绩效与困境的相关研究为内部化治理向外源性治理延伸提供理论支撑。

本研究主要是基于现阶段生猪养殖粪污特征，探讨制约不同规模养殖户粪污治理的关键要素，分析规模约束下养殖户对粪污治理方式的选择及差异，以及不同处理方式的成本收益状况，优化生猪规模养殖粪污治理路径及决策机制，并为分类施策提供依据。

（1）在养殖粪污治理的路径优化方面，已有研究显示中小规模养殖污染问题较为突出，且在粪污治理过程中存在相关要素缺失，影响粪污治理效果和治理目标的实现，一些发达国家通过制定详细的规章制度来约束和规范养殖户粪污自处理行为，也提出了将第三方治理应用于环境污染治理，但较少从养殖粪污治理领域结合不同规模养殖粪污特征，从第三方治理的角度系统优化养殖户治理行为。

（2）在养殖户的粪污治理意愿与行为方面，已有文献较多从养殖粪污治理的意愿或者行为进行单方面研究，而从不同规模视角对养殖户粪污治理行为及其差异性进行系统分析的研究较少，特别是从意愿转化行为视角和环境规制视角对粪污治理意愿与行为一致性缺乏深入分析。

（3）养殖户对粪污处理利用方式的行为选择方面，已有研究较多从养殖户自处理的角度分析了养殖户选择不同粪污处理技术模式的特征及影响因素，较少对不同规模养殖户选择不同粪污处理利用方式的特征及影响要素进行分析，并且从第三方治理的角度分析养殖户行为选择特征的研究相对较少。

（4）在第三方治理及驱动力研究方面，已有研究较多集中于种植业和服务产品投融资等领域，少数已有关于粪污治理的研究以宏观定性分析为主，缺乏从微观层面分析不同规模养殖户参与第三方治理的潜力，并且运用定量分析手段进行实证分析的研究较为鲜见。

1.3 研究方案

1.3.1 概念界定

1.3.1.1 生猪规模养殖

生猪规模养殖是相对于生猪散养而言的，随着我国生猪养殖业发展方式转变，生猪养殖从传统分散饲养向现代规模养殖快速转型。生猪规模养殖提高了生猪出栏率并满足了生猪产品市场需求，综合生产能力显著增强，有效保障了城乡居民猪肉消费需求，同时，对促进农民增收、繁荣农村经济和发展地方经济发挥了重要作用。

我国对于生猪养殖规模的界定存在两种较为权威的标准，分别是《全国农产品成本收益资料汇编》和《中国畜牧兽医年鉴》对生猪养殖规模的界定。本研究中对调研对象研究区域的分析部分依据前者按年均存栏量将生猪养殖规模划分为小规模（30 头<年均存栏量≤100 头）、中规模（100 头<年均存栏量 ≤1 000头）和大规模（年均存栏量 >1 000头）3 种类型，为便于叙述，本研究中的小规模、中规模、大规模养殖场（户），统称为规模养殖户。

1.3.1.2 粪污治理

（1）粪便污染。粪便污染是指在生猪养殖过程中产生的粪便和污水等废弃物对环境造成的污染[111]，包括水体污染、空气污染、土壤污染、病菌传播等。由于生猪粪便中含有大量的 NH_3-N、COD、P 等物质，以及携带的各类寄生虫卵和病原微生物，若不能及时有效处理，把未经处理的粪污直接排放，将对周边的土壤、水和空气等造成严重污染[112]。在渗漏、降水或地表径流冲刷等原因下，极易扩散至周边土壤及河流、湖泊等自然水体中，形成大面积的面源污染问题。张维理等[113]研究发现，畜禽养殖污染物排放已超过工业与城市生活污染物排放量，成为我国水体污染的主要来源。养殖粪便污染也逐渐成为我国农业面源污染的主要污染源。

（2）粪污治理。粪污治理是指政府与行为主体等多部门相互影响，运用适宜的处理技术和措施对生猪养殖产生的粪便和污水进行处理，达到相关要求和目标[114]。养殖粪污治理最重要的驱动力不是治理覆盖率，而是粪污的再利用和再循环率[115]，国家鼓励并支持粪污经有效处理进入循环利用环节。根据循环经济“3R”原则，将生猪粪污资源化循环利用方式分为肥料化处理利用、能源化处理利用等[116]，通过资源化循环利用最大限度地将粪污转化为资源，既能减少自然资源的消耗，又能减少污染物的排放[117]。《意见》中也明确指出以肥料化和能源化为主要利用方向，《畜禽养殖污染防治管理办法》规定直接还田利用的粪便应当进行无害化处理，防止病菌传播。

1.3.1.3 内部化治理

基于粪污治理现状及研究需要，本研究将内部化治理定义为由养殖户采用适宜的粪污处理利用方式，如肥料化处理利用或能源化处理利用等，将猪场产生的粪污进行有效处理，达到污染治理和资源化利用的目的。特征是养殖户在种养循环模式下进行粪污治理并实现资源化利用，在空间上具有连续性。内部化治理过程中养殖户为主要治理责任主体，其对养殖粪污的治理主要受治理成本与收益的影响[1,118]。此外，养殖户的个体特征、社会经济特征、粪污治理相关政策等因素也会影响养殖户进行内部化治理的行为决策。

1.3.1.4 外源性治理

外源性治理是相对于内部化治理而言，通过第三方对粪污进行专业化治理，在产业链层面实现粪污资源化和跨区域的种养业的再链接。虽然粪污可以通过肥料化或能源化等方式进行处理利用，但在养殖户粪污处理的高负荷方面，相关要素如土地、资金、技术等的解决方案面临局限性，因此，在相关政策缺失情况下迫切需要建立有助于粪污治理的一个合作组织，实现产业链尺度的种养结合[119]，本研究将这个组织定义为第三方治理企业，第三方治理企业可采用适宜的粪污处理技术对粪污进行专业化处理。基于此，本研究将外源性治理定义为委托第三方治理企业对养殖粪污进行集中收集处理的治理方式，以政府引导、市场主导、企业经营的方式将其引入生猪养殖粪污资源化利用领域，即第三方治理。

第三方治理企业在养殖粪污治理中是以营利为目的的治理责任主体。外源性治理是以引入第三方治理企业进行专业化治理为突破口，通过发挥市场作用，推行粪污治理集约化、运行市场化、产权多元化，将养殖户的粪污治理责任委托于专业的第三方治理企业，第三方治理企业运用肥料化或能源化处理技术将粪污进行集中处理。第三方治理主要有两种运作模式[120]：一是委托治理服务型，以签订粪污治理合同的方式，委托第三方治理企业对新建、扩建的粪污治理设施进行融资建设、运营管理、维护及升级改造，并确保达到粪污治理的效果；二是托管运营服务型，以签订托管运营合同的方式，委托第三方治理企业对已建成的粪污治理设施进行运营管理、维护及升级改造等，并确保达到粪污治理的效果。两者的区别在于第三方治理企业是否拥有粪污治理设施的产权，本研究主要是指第一种运作模式。

1.3.2 研究目标

1.3.2.1 总目标

本研究的总目标是鉴于生猪规模化养殖过程中存在的粪污治理困境，在剖析生猪规模养殖粪污特点及粪便污染成因的基础上，探索不同规模养殖户在粪污治理方面的政策诉求，并结合不同的粪污治理方式，运用行为经济学、外部性理论、委托代理等理论与方法探讨并实证分析养殖户的粪污治理行为及影响因素，最终，提出促进粪污治理与生猪养殖业发展协调可持续的政策与建议。

1.3.2.2　具体目标

（1）剖析现阶段生猪规模养殖粪污特征及粪便污染的成因，探讨并分析优化粪污治理的路径及治理策略。

（2）分析养殖户粪污治理意愿与行为的一致性，并通过实证分析进一步验证不同规模养殖户粪污治理行为的关键因素及差异，阐明促进不同规模养殖户进行粪污治理的政策诉求。

（3）分析内部化治理下养殖户选择不同粪污处理利用方式的行为及影响因素，并通过案例分析不同粪污处理利用方式的成本收益状况及其市场吸引力，为养殖户选择适宜的方式提供决策依据。

（4）阐述第三方治理的特点及适用性，分析养殖户对第三方治理的参与特征及支付意愿，提出相应的制度创新，为第三方治理的可持续运行提供支撑。

1.3.3　研究思路

本研究的研究思路如下：

首先，基于生猪养殖业发展演变、粪污特征及治理困境，提出生猪规模养殖粪污内部化治理和外源性治理的方式与路径，并分析不同方式下相关主体的粪污治理策略。

其次，分析养殖户内部化治理粪污的意愿与行为，探讨治理意愿与治理行为的不一致性，进一步明晰影响不同规模养殖户粪污治理行为的关键要素及差异性。

再次，分析生猪规模养殖粪污内部化治理行为及其决策因素。基于养殖户选择不同粪污处理利用方式的影响因素分析，探讨养殖户内部化治理粪污的行为形成机理。在此基础上通过案例测算养殖户进行粪污治理的成本与收益及影响粪污治理的关键要素。

最后，分析生猪规模养殖粪污的外源性治理行为及影响因素。探讨生猪养殖粪污第三方治理的适用性与着力点，明确养殖户参与第三方治理的意愿，进一步测算养殖户对第三方治理提供的社会化服务的支付意愿与支付水平。在此基础上构建生猪规模养殖粪污外源性治理的驱动机制。

1.3.4　研究内容

(1) 生猪养殖粪污特征、治理方式与策略。该部分基于时间和空间两个维度分析我国生猪养殖业的发展历程，剖析并总结生猪规模养殖粪污特点、粪便污染成因、治理困境，提出内部化治理和外源性治理两种粪污治理方式，进一步对不同治理方式下相关主体的治理策略进行演化博弈分析，得出不同治理方式下粪污治理的稳定策略及相应的保障因素。

(2) 生猪规模养殖户粪污内部化治理的意愿与行为。分析不同规模养殖户的粪污治理意愿与行为特征，分别从意愿转化行为视角和环境规制视角探讨并实证分析养殖户粪污治理意愿与行为的不一致性，并进一步分析影响不同规模养殖户治理行为的关键要素及差异。

(3) 生猪规模养殖户粪污内部化治理与利用的实证分析。理论分析生猪规模养殖户粪污治理行为的形成机制，并实证分析养殖户选择能源化处理利用和肥料化处理利用的影响因素及差异性。在此基础上分别选取能源化处理和肥料化处理的相关案例，实证分析粪污治理的成本收益状况，在此基础上分析不同情景下能源化产品要素价格变动导致粪污治理收益变动的敏感性，并对案例猪场粪污治理持续运行的外部因素进行分析。

(4) 生猪规模养殖户选择粪污外源性治理的实证分析。理论分析养殖户参与第三方治理粪污的适用性、内在机制及其存在的问题，实证分析养殖户对第三方治理的参与意愿及影响因素，进一步基于“受益者付费、第三方治理”的原则分析养殖户对第三方治理的支付意愿和支付水平，为合理分摊第三方治理成本、保障第三方治理企业的合理收益及其持续运行提供依据。

1.3.5　拟解决的关键问题

(1) 分析我国生猪养殖业的发展历程与时空特征，剖析生猪养殖粪污特点、粪便污染成因及粪污治理困境，明确不同规模的粪污治理方式选择。

(2) 从意愿转化行为视角和环境规制视角探讨养殖户粪污治理意愿与行为的不一致性，明确不同规模养殖户粪污治理决策的关键因素。

(3) 分析内部化治理方式下养殖户对不同粪污处理利用方式的选择偏好及影响因素，并借助案例解析不同处理利用方式的成本收益、影响收益的敏感性要素及其市场吸引力等状况。

(4) 分析外源性治理方式下养殖户对第三方治理的参与意愿及支付意

愿，测算其支付水平，并在此基础上构建外源性治理的驱动机制。

1.3.6 数据来源、研究方法与技术路线

1.3.6.1 数据来源与研究区域

本研究第一章1.1节生猪养殖量和生猪养殖场数量相关数据主要来自《中国畜牧兽医年鉴（1997—2017年）》；第三章我国生猪养殖量和研究对象区域生猪养殖量等宏观数据主要来自《中国畜牧兽医年鉴（1997—2017年）》《中国统计年鉴（1997—2017年）》《中国农业年鉴（2006—2017年）》以及国家统计数据库。关于研究对象区域养殖户粪污治理现状、治理方式、治理行为及相关案例等资料与数据主要来源于2017年9月至2018年1月在吉林和辽宁两省的问卷调查、访谈调查和案例调研等。

关于选择吉林省和辽宁省作为具体研究区域的主要原因为：①紧迫性。《全国生猪生产发展规划（2016—2020年）》将东北地区划定为生猪养殖潜力增长区，由此带来资源与环境之间的矛盾将成为生猪养殖业发展的重中之重，本研究服务于国家“南猪北移”的战略需求。②代表性。东北地区虽然有土地资源优势，但是大多养殖户经营规模仍然较小，面源污染特征明显，并且存在种养规模不匹配等问题，同时与我国其他地区一样存在粪污治理难度大的共性问题。

1.3.6.2 研究方法

本研究采用理论分析、统计分析与实证分析相结合的方法，具体如下。

（1）描述统计分析。生猪规模养殖户粪污治理现状、治理行为、粪污处理利用方式选择等特征的描述统计。

（2）统计学模型。通过构建区位基尼系数、空间全局自相关和局部自相关模型分析生猪养殖业地理集聚的时空特征；运用成本收益法分析生猪规模养殖户内部化治理粪污的成本与收益。

（3）计量经济学模型。运用空间滞后模型（SLM）和空间误差模型（SEM）分析影响生猪养殖业地理集聚的影响因素；运用无序多分类logistic模型和倾向得分匹配（PSM）法对治理意愿与行为的一致性进行探讨；运用二元Logit模型分析不同规模养殖户粪污治理行为及其影响因素，并用解释结构模型方法（ISM）分析养殖户粪污治理行为影响因素的层次关系；构建无序多分类logistic模型分析内部化治理方式下养殖户选择不同粪污处理利用方式的影响因素；运用二元Logit模型分析养殖户参与第三方治理意愿的影

响因素；运用 Heckman 两阶段模型分析养殖户对第三方治理的支付意愿与支付水平及其影响因素。

1.3.6.3　技术路线（图 1-1）

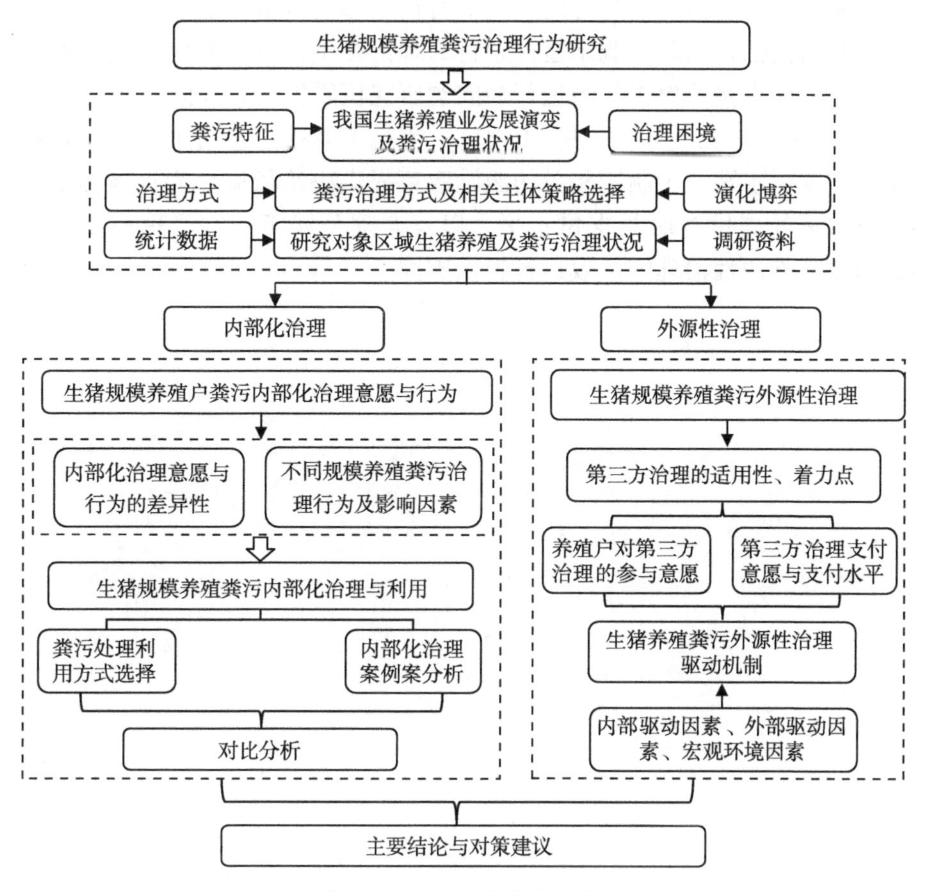

图 1-1　本研究的技术路线

1.4　创新说明

本研究的研究特色与创新点如下。

（1）在剖析生猪规模养殖粪污特征的基础上，界定内部化治理和外源性治理的内涵与外延，明确相关利益者的责任与义务，创新性地提出不同规模生猪养殖户粪污治理的路径与方式选择。本研究有机结合不同养殖规模的粪污治理困境，从分类施策的角度，由养殖户自处理向外源性治理延伸，明确治理主体的责任与行为，为治理方式的选择与优化提供决策依据。

（2）基于区域问卷调查，结合养殖户的政策认知和政府监管效应，明晰养殖户粪污治理意愿与行为之间转化的特征及影响因素，能够有效促进养殖户进行粪污内部化治理。既丰富计划行为理论在生猪养殖粪污治理方面的应用，也为我国生猪养殖粪污治理行为问题研究积累相应的素材。

（3）基于条件价值评估法（CVM），测算了养殖户参与第三方治理的支付意愿与支付水平，为制定相关的激励政策提供决策依据。为提高养殖户对第三方治理的支付意愿与支付水平，以及合理分摊第三方治理成本提供借鉴，为保障外源性治理的长效运行提供支撑。

第2章 理论基础与研究假设

随着我国生猪养殖发展方式转变，由此产生的粪污治理难题也相应而生，而具有理性经济人特征的养殖户以追求利益最大化为目的，相较于生产环节投资而言，对粪污处理环节的投资力度较弱，而该环节的投资缺失由社会承担生猪生产的外部成本。若要解决该问题，一方面，可通过相关政策约束和规范养殖户的生产行为，促使有能力的养殖户自行处理粪污，实现粪污治理成本内部化；另一方面，通过组织创新的形势，委托第三方治理企业进行粪污处理，克服养殖户自处理粪污存在的问题。基于此，本章主要以计划行为理论、农户行为理论、外部性理论、博弈论、委托代理理论为基础，探讨生猪养殖粪便污染的形成、粪污治理方式与实现路径、治理责任主体及其行为等，为进一步从内部化治理与外源性治理两种方式研究养殖户的治理行为及影响因素提供理论支撑。

2.1 相关理论

2.1.1 行为经济学理论

2.1.1.1 计划行为理论

计划行为理论（Theory of Planned Behavior，TPB）是环境行为研究中影响较为广泛的理论模型之一，该理论由 Ajzen[121] 提出，并且在环境行为领域得到较为丰富的实证研究和检验，该理论通过期望价值为切入点对个体决策行为进行诠释，TPB 理论框架如图 2-1 所示。个体实际行为的发生由其行为意愿决定[122]，行为意愿是个体实际行为最直接的影响因素，受个体行为态度、主观规范和感知行为控制等因素的重要影响，而行为态度、主观规范和感知行为控制又受到行为信念、规范信念、控制信念等影响[121,123]。行为信念是指个体拥有大量有关行为可能结果的信念，规范信念是指个体预期到他人或团体对其是否应该执行某特定行为的期望，控制信念是指个体知觉到的可能促进和阻碍执行行为的因素，结合本研究内容，TPB 理论的要素如下。

（1）行为态度。行为态度表征养殖户对执行粪污治理行为的接纳程度。当其对粪污治理行为评价是正向的，则将产生积极的行为态度。

（2）主观规范。主观规范表征养殖户对参与粪污治理时感知的社会压力。

（3）感知行为控制。感知行为控制表征养殖户感知其参与粪污治理能够控制并执行治理行为的难易程度。

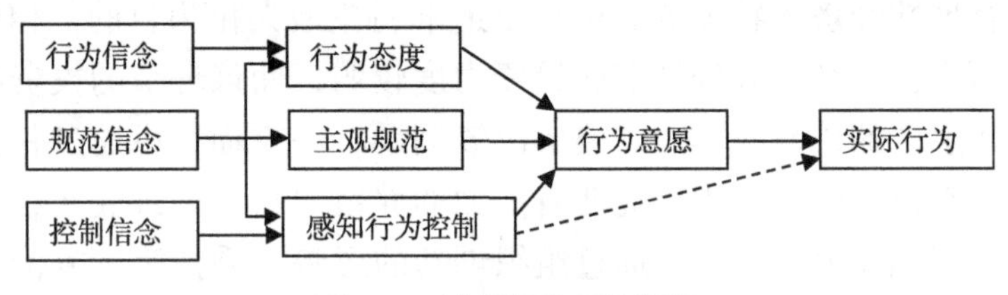

图 2-1　计划行为理论框架

2.1.1.2　农户行为理论

所谓行为主要是指行为主体为达到某种特定目的而表现出的一系列活动的过程。行为经济学认为个体的认知决定其对事物的态度或看法，进而影响主体的选择行为。农户行为理论是行为经济学理论应用于农户行为研究的进一步深化。农户作为农业生产的主体，其行为在很大程度上受到个人理性影响，最为关心的是如何提高经济效益及生产效率，“理性小农”理论认为农户进行选择行为的依据为实现最大的生产效益，国内学者黄宗智[124]、张五常[125]等在相关研究基础上对农户行为理论进行了研究和拓展，认为农户行为是依据自身的效益最大化而对外界信号做出的判断和反应。然而，人类的行为并非是完全自由的，会受到各种因素的影响和制约，在特定的条件下产生特定的行为。

对于农户个体行为的研究，首先要考虑影响农户经济行为的整体因素。在本研究中主要是影响养殖户粪污治理的因素，总的来看，主要涵盖宏观因素和微观因素。其中，宏观因素主要包括两个方面：一是政府的行为与决策，政府通过相关的政策法规等方式激励或约束养殖户的行为；二是养殖户长期受小农经济思想的影响，对新技术、新知识的接受能力较弱等。微观因素主要为：一是主体意识，包括养殖户环保意识强弱、政府能否有效宣传环保知识、养殖户粪污治理主动性、粪污治理效率；二是养殖收入水平，粪污治理需要投入一定的成本，养殖收入水平低的农户一般都无力也无意参与。这些因素影响养殖户粪污治理行为和意愿。概括而言，作为认知和行为主体的养殖户，在不断追求自身利益最大化的过程中，也默许有利于自身利益的社会变动。然而，Bergevoet[126]经过实证研究认为农户的心理意向作为介于态度和行为之间的中介变量，会受到众多因素的影响。因此，在研究农户的选择行为时，还需要考虑农户的行为目标和心理意向。

基于上述理论，通过纳入相关要素进行分析，以期找出影响生猪规模养殖户粪污治理行为的关键因素，然后根据相关结论制定并完善相应的政策，进而引导养殖户选择适宜的粪污治理路径以实现粪污的可持续治理。

2.1.2　外部性理论

（1）外部性的概念。外部性理论来源于 1980 年马歇尔在《经济学原理》中提出的“外部经济”概念，他认为人类生产活动除了需要土地、劳动、资金以外，还需要“工业组织”，并用“外部经济”论证了工业组织对产量和效益的影响。庇古在《福利经济学》中对“外部经济”和“外部不经济”进行了对比，并指出由于自利心理导致私人净边际产品与社会净边际产品相背离，造成福利损失，进而造成资源配置很难实现帕累托最优，并提出运用补贴或税收等方式进行优化，即对具有“正外部性”效应的经济主体给予补贴，对具有“负外部性”效应的经济主体进行征税。但是，外部性的存在没有因为经济主体对其他相关主体带来损害被征税，也没有因为经济主体给其他主体带来利益而给予补贴，因而具有正外部性效益的经济主体的行为动力逐渐减弱，并出现“搭便车”，具有负外部性效益的经济主体没有被处罚，因而存在“公地悲剧”的现象。因此，需要政府干预，合理引导经济主体的行为方式。

（2）外部不经济的本质。外部不经济性是某一经济活动对周边环境造成的负面效应，其实质是私人成本的社会化。例如，生猪养殖过程不可避免地会产生废弃物（图 2-2），存在两种处理路径：①治理后排入环境；②直接排入环境。以利益最大化的经济主体为获得最大利润，一般会选择第二种处理路径，即将私人成本转化为社会成本。为减少环境污染，就需要将外部成本内部化。

生猪养殖也存在外部性，生猪养殖产生的粪便若不加处理排入环境，对

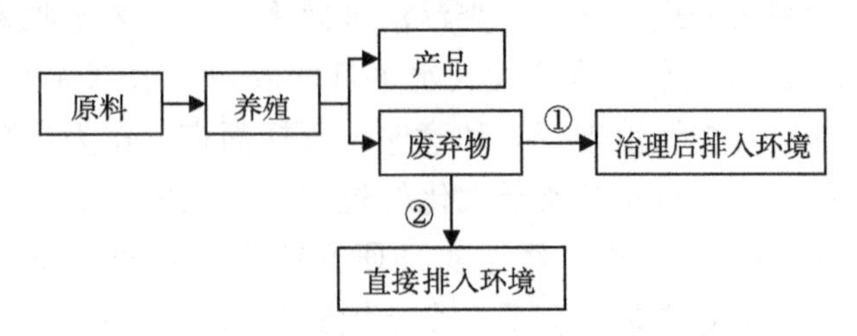

图 2-2　生产过程及其废弃物排放

环境造成污染，就会形成负外部性。包括由于污染环境造成的外部成本和由于粪污治理所带来的外部收益两方面。若将粪污变废为宝，增加收益，形成“正外部性”。但是这些成本或效益在经营活动中很难量化，因此无法惩罚产生负外部性的经济主体，也很难对接受正外部性的其他主体收费，所以，在生猪养殖粪污治理方面较难达到帕累托最优。此时，可以由政府通过制定适宜的税收和补贴政策加以干预解决。

2.1.3　博弈论

博弈论是用于研究多个参与者或局中人在利益方面存在竞争或交互的情形中，具有理性经济人特征的参与者为实现自身利益最大化，各自选择策略并实现参与者利益均衡的理论。该理论主要用来分析具有独立决策能力的参与者做出的决策行为对于其他参与者决策行为的影响，进一步预测各个理性决策者经策略交互后形成的最终状态。其中，博弈均衡是各参与者策略交互后形成的一种稳定状态，这种均衡也是可预测的。

博弈论的构成要素有参与者、行动、信息、策略、支付、结果和均衡等，其中，博弈的基本要素有参与者、策略和支付函数。博弈具有很多类型[127]，其中，按照参与者的行动次序分为静态博弈和动态博弈。静态博弈是指参与者同时采取行动，而动态博弈是指参与者的行动具有先后顺序，并且后行动的参与者可根据前行动参与者的决策作出相应的策略。其中，演化博弈是动态博弈中较为常用的一种方法，通过将博弈论和动态演化有机结合用于分析参与在利益交互中的动态均衡。演化博弈理论是经典博弈范式趋向有限理性的发展。经典理论中，完全理性假设使得动态演化问题没有了讨论的意义，而有限理性与动态演化相辅相成，与完全理性不同的是，有限理性较多运用积极的方式，即假设参与者做出什么样的决策，在动态的行为准则中考虑参与者如何寻找可行策略空间，如何做出决策等。

粪污治理的外部性导致养殖户治理粪污积极性不高，需要政府部门通过制定奖惩措施来引导或制约相关利益主体的粪污治理行为。但养殖户在生猪养殖过程中追求利益最大化，减少或放弃对粪污治理环节的投资；地方政府在经济绩效和环境绩效的权衡中较多默许经济效益和政府绩效最大化[7]。因此，在粪污治理环节存在相关利益主体的利益诉求与其行为冲突的困境。当养殖户认为无利可图时，就会放弃或减弱对粪污的治理，此时，地方政府在环保指标的要求下，加强对养殖户粪污治理的监管强度，促进养殖户进行粪污治理，当环保要求减弱时，对养殖户的监管降低，因此，粪污治理是一个循环往复的动态过程，只有在一定条件下实现相关利益主体的策略均衡，才能实现粪污的长期有效治理。

2.1.4　委托代理理论

委托代理理论作为新制度经济学契约理论的重要内容，分析在信息不对称或目标函数不一致的情况下，委托人如何制定最佳契约使代理人产生动力。由于信息不对称问题的存在，委托人对绩效或任务信息的了解程度低于代理人，因此，需要求委托人进行信息搜集实现有效监督。

委托代理理论由美国经济学家伯利和米恩斯于 20 世纪 30 年代提出，是经济学家深入研究企业内部信息不对称和激励问题发展起来的，主要研究委托代理关系问题，从经济学上讲，委托代理关系泛指任何一种在信息不对称和契约人之间存在利益相冲突的环境下进行的交易，交易中有信息优势的一方称为代理方，另一方为委托方。Jensen 和 Meckling[128] 以企业的所有权和经营权相分离以及由此所导致的信息不对称为切入点，紧紧围绕委托代理关系中的机会主义行为对企业价值的影响进行探讨。该理论主要对以下问题展开研究：委托人以契约形式委托代理人按照委托人的利益参与活动，但委托人在代理人参与相关活动的行动过程中并不能对其行动进行直接观测，只能观测到由代理人的行动和其他外生随机因素共同决定的信息，委托人把观测到的信息作为奖励或处罚代理人的依据，进而激励代理人做出对委托人有利的行动[129]。

在签订契约之前，代理人作为独立的“理性经济人”，其目标是追求自身利益最大化，再者委托人和代理人之间存在信息不对称问题，代理人在行动过程中为了自身利益很有可能会隐藏对自己不利的信息或者用不实信息欺骗委托人，此时，委托人对代理人的信息并不能完全掌握。在签订契约以后，由于委托人和代理人各自拥有不同的目标函数，且存在信息不对称，因此，代理人在行动过程中可能会采取机会主义行为，即可能通过各种投机取巧的方式来实现自我利益最大化。

外源性治理方式下的相关责任主体主要有地方政府、养殖户、第三方治理企业。地方政府承担着制定粪污外源性治理规则的任务，同时对加强治理过程和治理效果的监管担负重要责任；第三方治理企业在粪污治理中扮演着“双向委托代理人”的角色，既是政府监督养殖户粪污治理的代理人，又是协助养殖户处理粪污的代理人。这样的双重委托代理关系决定了第三方治理企业在粪污处理中的双重目标，既要代理政府规避污染的发生和扩散，又要为养殖户解决粪污治理难题；养殖户是粪污治理过程中最直接的责任主体，也是粪污治理的最大受益者，粪污的有效治理需要广大养殖户的真正参与。

2.2 粪污治理路径与治理行为

2.2.1 生猪养殖粪便污染

传统农业中，农业生产方式是以农户个体家庭为主体的经营模式，种植业生产以小规模家庭经营为主，生猪养殖方式以一家一户散养为主，缺乏现代农业的生产要素，规模化、集约化、专业化程度较低，处于自给或半自给状态[130]。此时，生猪粪便被视为保持土壤肥力的“宝物”用于种植业生产，成为种植业所需的肥料，而种植业为生猪养殖业提供饲料来源，从而种植业和养殖业相互依赖，使传统农业内部形成一种良性的物质循环。从工业化角度来看，传统农业具有落后性，主要表现为生产效率和组织化程度相对较低，在市场经济下不具备竞争优势。随着现代农业的快速发展，专业化分工不断深化，种植业和养殖业的生产效率不断提高。然而，与传统农业相比，现代农业中诸多问题日益凸显，尤其是环境保护和生态的可持续问题等[131]，从环境角度来看，传统农业是资源节约型和环境友好型农业的典型代表。随着生猪养殖规模化、集约化程度越来越高，加之粪便产生的连续性及其还田的季节性，大量集中产生的粪便无法在周边土地及时完全消纳。此时，对于养殖户而言，饲养生猪的目的主要是为了获得猪肉及猪副产品，实现利润最大化，而粪便成为生猪养殖过程中不可避免的副产物，并且对于养殖户来说不具备利用价值，粪便被视为废弃物被随意处理，甚至直接排放，对环境造成污染。从表面现象来看，生猪养殖污染是由于种养分离导致粪便利用受阻造成的，而实质上是由于生猪养殖粪污治理过程中的信息不对称带来的负外部性。

在农牧循环情形下，养殖户进行生猪饲养的同时经营种植业通过其他形式与种植业形成粪便还田的循环系统，生猪粪便既可自行利用，也可作为商品销售，从而实现种植业与养殖业的有机结合。然而，在农牧分离情形下，专业化分工使得种植业与养殖业的经营者分离，生猪粪便伴随着规模化、集约化养殖的快速发展而大量集中产生，不能及时通过肥料化处理就近就地消纳，部分规模养殖户受资金、劳动力等要素制约，不愿意流转农田经营种植业，并且也不具备沼气处理的经济和技术条件。受外部性的影响，具有理性经济人特征的养殖户在不具备粪污处理能力的情况下，粪污治理缺乏动力，导致区域性粪污产生量越来越大，粪污消纳受阻，造成粪便的大量剩余，粪便中大量的氮、磷等元素的排放对土壤、水域等环境造成严重污染。

总的来看，对于种养结合的农业生产模式，生猪养殖不但不会对环境造成污染，还有利于促进生猪养殖粪污的高效合理利用。生猪粪便作为农牧循环系统的核心物质载体，粪便中的养分循环通过种养结合的组织模式来实现。然而，市场经济下专业化分工以商品生产为特征的种植主体和养殖主体逐渐分化，种植业生产必需的养分被施用便利的化肥替代，缺乏配套农田消纳粪污，种养循环的链条断裂[130]，单位面积农田的生猪养殖承载力不足导致环境污染发生。政府失灵与市场失灵的存在进一步加剧养殖污染的风险。此时，生猪养殖业与种植业处于种养分离状态。

2.2.2 生猪养殖粪污治理及路径

发展循环农业是实现农业清洁生产、农业资源可持续利用的有效手段，也是解决现代农业发展困境的必然选择[132]。粪便污染问题从生态学角度看是由于生态系统的不平衡，那么，粪污的有效治理可以通过加强相关责任主体对生态学等知识的认知，借鉴传统养殖业的粪污处理模式，通过能量流和物质流的循环实现规模化生猪养殖的生态系统平衡。以农作物所需的氮、磷、钾养分为例，生猪粪便中所含的氮、磷、钾养分作为主要的粪肥元素通过还田进入土壤，被农作物吸收后产出谷物、饲草等饲料产品用于生猪饲养，饲料用于生猪饲养后产生的粪便作为有机肥重新回流到土壤中来，在此过程中实现了种植业与养殖业的有机结合，种植业与养殖业互利互生，实现生态平衡。随着传统农业向现代农业发展方式的转变，专业化分工导致种养分离是我国生猪养殖业可持续发展面临的重大挑战，也是生猪养殖粪污资源化利用受阻的突出现象。种养分离在一定程度上造成生态环境的破坏，粪肥中的有机质不能通过还田进入土壤，农田因长期施用化肥而出现板结和肥力下降，此外，对于粪便资源也是一种巨大的浪费，不利于种养业的可持续发展。并且，《意见》中也明确提出“全面推进畜禽养殖废弃物资源化利用，加快构建种养结合、农牧循环的可持续发展新格局”，可以看出重建农牧循环链条、实现种养结合是促进生猪养殖粪污资源化利用的根本路径。同时，通过宣传培训等措施，增强养殖户对粪便污染及种养结合特征、原理、利弊等的认知，切实提高养殖户的生态环保意识和整体素质，使粪污治理成为一种自觉行动。

为进一步明确粪污治理路径，2015 年以来，农业部⑥先是下发了《到 2020 年化肥使用量零增长行动方案》，接着提出确保到 2020 年实现“一控两减三基本”目标，并于 2017 年印发《开展果菜茶有机肥替代化肥行动方案》，系列政策文件的出台对于推动生猪养殖粪污的肥料化利用、实施有机肥替代化肥、促进农牧对接与生猪养殖粪污循环利用发挥重要的引导作用。在农牧循环重建过程中，有资金实力的规模养殖户，通过购建相应的粪污处理设施，并利用土地流转等方式配套足够面积的粪污消纳地，采用种养结合的养殖模式，实现粪污就近就地消纳，充分发挥养殖户在粪污治理过程中的资源禀赋优势，激发养殖户粪污治理的自觉行为；对于不具备资金、技术等条件的规模养殖户，在缺乏政府监管的情况下，极易产生粪污偷排漏排现象，造成环境污染。为克服政府监管压力问题，引入第三方组织，通过委托代理形式，一方面有效发挥第三方组织的纽带作用，有效衔接种植业和养殖业，推进农牧对接，实现产业链尺度的种养结合；另一方面通过第三方组织发挥专业化优势，在一定程度上降低政府监管成本。即通过以下两种路径实现种养结合，全面提高粪污治理效率，实现粪污高效利用：一是具备经济条件的养殖户采用适宜的粪污处理技术与模式，将粪污资源化产品通过销售或者自用还田等形式进行妥善处理，即内部化治理；二是不具备经济条件和技术的养殖户委托第三方组织进行集中收集处理，并由第三方组织将粪污资源化产品进行销售或配送处理，即外源性治理。

---

⑥ 2018 年 3 月更名为农业农村部，下同。

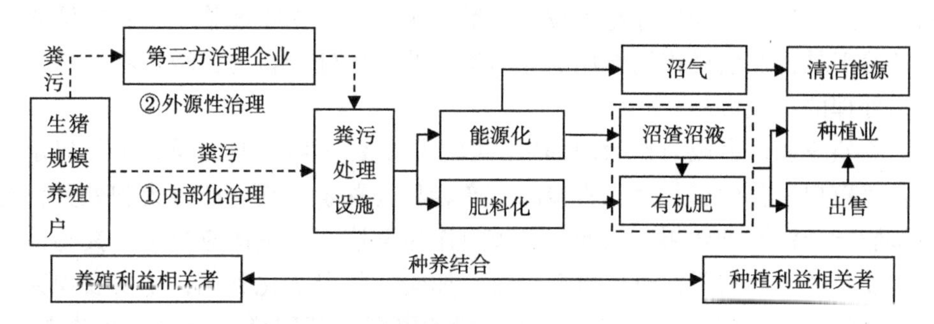

图 2-3　生猪规模养殖粪污治理的实现路径

2.2.3　生猪养殖粪污治理方式及主体行为

2.2.3.1　生猪养殖粪污治理责任主体与行为

生猪养殖污染是由于养殖过程中产生的粪便未经有效处理随意排放对环境带来的负面影响，是生猪养殖产生的负外部效应。这种外部性可以通过政府干预，如征税、补贴、产权交易等方式，使经济主体实施行为产生的社会成本转化为私人成本，实现外部性的内部化。

（1）生猪养殖粪污治理方式。基于养殖污染形成及粪污治理的实现路径，本研究将生猪养殖粪污治理方式分为内部化治理和外源性治理。

（2）生猪养殖粪污治理的主要责任主体及行为。生猪养殖污染是由于相关经营主体的经济活动所产生，因此，在粪污治理方面责任主体应承担相应的治理责任，并且其行为直接或间接地影响粪污治理目标的实现。其中，内部化治理方式下养殖户和地方政府是主要的粪污治理责任主体[26]，形成养殖户自处理的粪污治理方式；而外源性治理方式下养殖户、地方政府和第三方治理企业为主要的粪污治理责任主体，形成以政府引导、第三方企业治理、市场参与的粪污治理方式。

①内部化治理的主要责任主体及行为。养殖户作为理性经济人，追求利益最大化是其本性，在综合考虑粪污治理成本收益的前提下，养殖户对粪污治理与否及其处理方式会做出理性选择。当养殖户认为粪污治理带来的收益能够弥补甚至高于养殖粪污治理成本时，养殖户会选择进行粪污治理，否则，将不会选择治理，与此同时，养殖户的粪污治理行为受个体行为态度、主观规范、感知行为控制等因素的影响。此外，还受环境规制要素的制约，主要表现为地方政府的治理行为，如以政府监管为代表的命令控制型环境规制和以政府补贴为代表的经济激励型环境规制。命令控制型环境工具要求养

殖户在粪污处理方面遵守相关技术标准与规范，否则将面临处罚；经济激励型环境工具旨在借助市场作用引导养殖户的粪污处理行为，激发养殖户进行粪污处理的积极性。

养殖户和地方政府作为内部化治理主要责任主体的原因及其责任界定如下：养殖户是养殖粪污最为直接的生产者与处置者，其生产行为和处置行为直接影响粪污治理效果，因此，养殖户作为直接责任主体应当承担粪污治理的主要责任，即将粪污进行合理处置，如粪污的资源化利用，主要表现为寻找粪污资源化利用的渠道，使放错位置的资源重新回到农牧循环系统中来，实现其价值最大化。若养殖户对粪污不进行处理或者处理不当，将对周围环境造成污染，严重影响周边居民生活质量，表现出显著的负外部性，此时，政府应当采取措施加强对养殖户的监管，如限期整改、罚款等命令控制型环境规制，从而约束养殖户的粪污治理行为；若养殖户对粪污进行适当处理，这种外部性将会消失，但对于养殖户来说，增加了私人边际成本，此时，需要政府对养殖户给予扶持，如采用补贴、减免税等经济激励型环境规制，进而激励养殖户进行粪污治理的积极性。

②外源性治理的主要责任主体及行为。外源性治理涉及的主要责任主体包括养殖户、地方政府和第三方治理企业。养殖户承担粪污治理的主体责任，而养殖户的粪污治理责任通过签约合同的方式向第三方治理企业转移，同时，第三方治理企业依据相关法规、标准及养殖户的委托要求，承担合同约定范围内的粪污治理责任，并由第三方治理企业进行养殖粪污的集中收集处理。养殖户和第三方治理企业之间的合约关系，促使双方在粪污治理方面相互制约、相互监督，有利于避免养殖污染的发生。此时，地方政府的监管对象由多而散的养殖户转向第三方治理企业，监管成本也大幅下降。

2.2.3.2 生猪养殖粪污治理方式的行为选择

粪污治理是一项长期的、复杂的系统工程，既要考虑其污染属性对其进行无害化处理，也要考虑其资源属性及其与种植业的有机结合。相对于养殖户自处理的内部化治理方式，生猪养殖粪污的外源性治理方式是以第三方治理为突破口，将市场机制引入粪污治理中，推行粪污治理集约化、产权多元化、运行市场化。从政府角度来看，粪污外源性治理具有成本投入低、监管效率高、治理专业化、利于培育新型产业等优势；从养殖户角度来看，外源性治理能够在一定程度上降低养殖户用于粪污治理的资金投入、克服其在粪污治理技术方面的瓶颈等。养殖户作为理性经济人，对不同粪污治理方式的选择将通过衡量增加经济效益或降低治理成本的大小来做出理性选择。

2.2.3.3　生猪养殖粪污治理路线图

粪污治理机制是一个复杂的系统内部与其组成部分的结构、功能及各部分之间相互联系、相互作用、相互影响。相关责任主体及其行为之间体现出的相互关系形成相应的运行机制。

为优化粪污治理路径，实现粪污治理目标，基于生猪规模养殖粪污治理相关主体的责任与利益诉求，通过选择适宜的粪污资源化处理利用方式，发挥市场在粪污治理中的作用，提出粪污治理的路线图（图 2-4）。

生猪规模养殖粪污治理机制主要表现为相关责任主体治理行为之间的相互作用。粪污治理的最终目标是实现养殖污染外部性的内部化。依据治理主体的治理责任大小，治理主体可以分为责任主体和其他相关主体。前文所述不同治理方式下的责任主体不同，但主要是养殖户、地方政府和第三方治理企业，除此以外的因责任主体治理行为受到利益或效用影响的社会群体则属于其他相关主体，如养殖户经营猪场的周边群众居民，其对责任主体治理行为的舆论作用可能会间接影响治理效果。责任主体之间的相关制约主要表现为地方政府与养殖户、第三方治理企业之间的制约关系，表现为政府的环境规制，主要包括命令控制型环境规制和经济激励型环境规制。其相互制约关系表现为以保护生态环境、维护社会公共利益为目的的地方政府和以盈利为目的的粪污治理责任主体之间的利益博弈。其中，地方政府主要采取奖励或处罚等手段规制粪污治理相关责任主体的治理行为，粪污治理主体之间的相

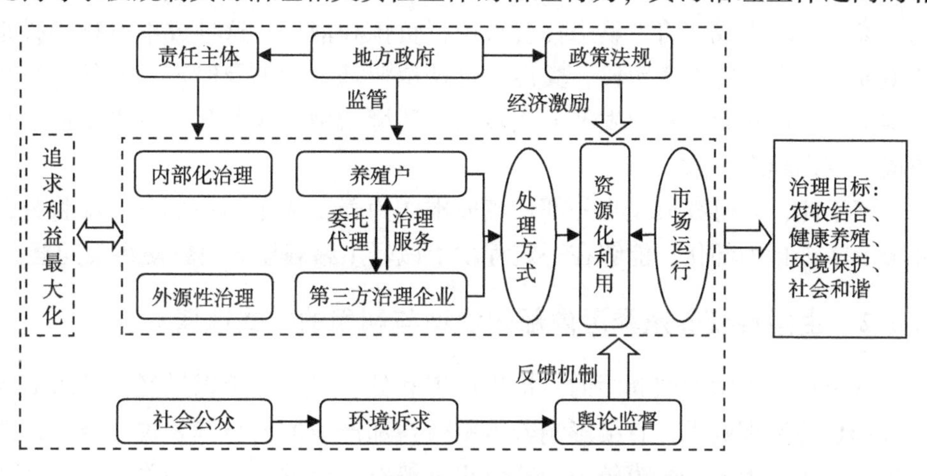

图 2-4　生猪规模养殖粪污治理路线图

互制约关系具体将在本研究 3.3 节进一步探讨。

生猪养殖粪污无论是由养殖户自行处理还是委托第三方治理，粪污治理的长期有效运行均离不开政府激励、养殖户参与和社会支持，对于不同的粪污治理责任主体，如养殖户和第三方治理企业，其进行粪污治理的正外部性在一定程度上体现了政府补贴的必要性。

2.3 研究假设

2.3.1 生猪规模养殖污染及其外部性的内部化

生猪规模化养殖与生态环境保护之间的矛盾较为明显，主要表现为以下三个方面：一是生猪规模养殖户不能对粪污进行有效处理的情况下，生猪养殖粪便污染环境的风险增大。二是尽管目前可采用一些模式对粪污进行无害化处理，但受制于治理成本、适用条件等因素，有些治理模式的普及仍存在一定的局限性。虽然种养结合能够有效处理粪污，但种养业发展方式转变使得种养分离现象凸显，阻碍粪污的有效处理，造成环境污染。三是对粪污处理环节增加了生猪生产资金投入，养殖户出于利益最大化不愿承担粪污处理带来的额外成本，粪污随意排放导致环境压力日渐趋紧。

生猪养殖粪污直接排放会对生态环境造成损害，若要消除这些损害，就会产生治理成本，这个成本就是环境成本。如果养殖户将粪污排放，造成环境污染，则环境成本将由整个社会来进行负担和消化，这种成本被称为外部环境成本。在传统养殖阶段，粪污通过种植业基本能够及时消纳，外部环境成本很小，但随着种养业发展方式转变，环境污染问题凸显，所带来的外部环境成本也越来越大。

基于此，本研究假设将外部环境成本作为养殖成本的一部分，即将外部环境成本进行内部化，能够在一定程度上减轻生猪规模养殖粪便污染问题。

2.3.2 生猪规模养殖粪污内部化治理与利用的方式选择

养殖户是生猪养殖粪污的直接生产者和处置者，能否以最经济的方式实现最理想的治理效果，直接影响着养殖效益和产业的可持续发展。受我国农业生产方式的影响，规模较小的养殖户一般有足够的农田消纳粪污，随着规模化程度提高，养殖户缺乏配套农田，在资金、技术等缺乏的情况下，养殖户排放粪污造成环境污染，具有资金实力的大规模养殖户在环境规制下对粪污进行资源化处理利用，既能达到环保要求，又能发挥粪污集约化治理的规模经济效应，降低粪污治理交易成本[133,134]，而中小规模养殖户在资金技术等方面就略有逊色。虽然小规模养殖容易通过种养结合模式提高粪污资源化利用水平，但因设施不完善对环境造成的污染最为直接，而中规模养殖户的粪污资源化利用水平普遍偏低，大规模养殖户由于土地流转困难限制了粪污资源化利用水平，污染风险较高[10]。养殖规模与环境污染的倒 U 形关系表明我国大规模养殖在粪污内部化治理方面具有可行性，而中小规模养殖因相关要素缺失对环境仍具有很大威胁[39,118]。

随着生态环境保护越来越受到重视，国家先后颁布多项关于养殖粪污治理的政策法规，对养殖粪污的利用与排放进行规范，在相关政策法规的引导和约束下，各地区的粪污处理模式发生了较大转变，生猪规模养殖户依据相关要求进行升级改造，形成了肥料化处理利用、沼气能源化处理利用、出售等多种粪污处理方式[62,71]，如何衡量这些处理方式，选择是否符合长期内经济与生态双赢的目标，需要对处理利用方式的综合经济效益进行评估。不同处理方式在实际运行中受到不同因素制约，其中直接还田虽便利，但粪污中的病菌和寄生虫卵等会对环境带来危害；有机肥生产和出售方式大多限于干粪处理，忽略污水处理，而污水恰恰对环境的影响更为严重，且粪肥交易市场并不完善[39]；沼气处理作为环境友好型处理方式，投资较大，技术性较强。由于不同养殖规模特征各异，养殖户采用的粪污处理方式也不尽相同。根据循环经济“3R”原则，将粪污资源化循环利用分为肥料化利用、能源化利用和饲料化利用[116]。基于《意见》中粪污处理利用方向及全量化处理利用思路，肥料化利用和能源化利用成为当前主要的粪污处理模式。对于养殖户来说，其本质与“理性小农”在追逐利益方面别无二致，其对不同粪污处理利用方式的选择也是基于理性的经济考量作出的最有利于自身福利增进的决策。

基于此，本研究假设养殖户在粪污治理方式选择方面，大规模养殖户更倾向于内部化治理；在粪污处理利用方式选择方面，养殖户倾向于选择肥料化处理还田利用。

2.3.3　生猪规模养殖粪污外源性治理方式的选择

对于大部分的中小规模生猪养殖户来说，当粪污产量超过自身最大治理能力时，可能更倾向于选择社会化服务组织进行粪污的外源性治理。一方面，受养殖规模因素和小农户自身能力水平的限制，自处理粪污的难度较大；另一方面，受成本因素的制约，中小规模养殖户较难配套粪污处理所必需的技术设备。随着生产力的发展，专业化分工产生一批具有专业化治理能力的代理人，这些代理人有能力代理行使好被委托的权利，并且可以实现自身追逐利润目标和委托人降低成本目标的平衡。中小规模生猪养殖户粪污内部化治理路径受到阻碍时，可能会选择代理人开展纵向合作参与粪污外源性处理，以实现粪污治理规模化和集约化，降低自处理成本。地方政府通过税收优惠、专项资金等方式对第三方治理企业给予支持；第三方治理企业通过销售有机肥或沼气产品等方式获取一定的收益；养殖户按养殖规模或粪污收集处理量向第三方治理企业支付一定的费用，从而保障外源性治理的长效运行。

基于此，本研究假设，中小规模养殖户倾向于选择外源性治理方式，并且愿意为第三方治理企业提供的粪污处理社会化服务支付一定的费用。

2.4 本章小结

本章在对相关理论进行梳理总结的基础上，探讨了生猪规模养殖粪污治理方式及责任主体治理行为等，提出相应的研究假设。主要结论如下：生猪规模养殖污染的表象是由于种养业发展方式转变使得种养循环链条断裂造成，但市场失灵中的外部性、信息不对称和公共物品等因素是导致污染的根本原因，而治理主体缺位也成为规模化养殖趋势下制约粪污长期有效治理的关键问题；结合生猪养殖粪污治理路径的理论分析，提出以养殖户为主要责任主体的内部化治理方式和以第三方治理企业为主要责任主体的外源性治理方式，不同治理方式形成不同的粪污治理运作流程，相关责任主体及其治理行为之间体现出的相互制约关系形成相应的治理机制，进而实现粪污治理目标。

第 3 章　我国生猪养殖粪污特征、治理方式与策略

本章在分析我国生猪养殖发展历程及时空分布特征基础上，剖析生猪养殖粪污特征与粪便污染成因，解析粪污治理困境，提出粪污内部化治理与外源性治理两种方式和路径，探讨不同方式下治理策略，结合调研区域初步分析，明确不同规模养殖户治理方式的选择倾向，为进一步研究养殖户粪污治理意愿、行为与驱动力奠定基础。

3.1　分析框架

目前，我国生猪养殖业发展处于转型升级的关键时期，面临着资源约束趋紧、环境压力加大等问题[135]。其中，区域性土地资源短缺导致粪污治理难度加大，并成为生猪规模养殖发展的重大制约[30]，此外，粪污治理相关要素缺失、制度体系建设滞后等使粪污资源化利用受阻。基于此，本章在剖析养殖粪污特征与污染成因的基础上，从种养结合的空间分布和产业链角度出发，提出以养殖户为主要治理主体的地方政府和养殖户共同参与的内部化治理方式和以第三方治理企业为主要治理主体的政府引导、市场参与、第三方治理企业处理的外源性治理方式，并通过演化博弈分析不同治理方式下相关主体的治理策略及其实现的关键要素。分析框架如图 3-1 所示。

3.2　生猪养殖业发展演变、粪污特征及治理困境

3.2.1　生猪养殖业发展的演变分析

3.2.1.1　生猪养殖业的发展历程

改革开放以来，我国经济发展水平不断提高，生猪养殖业由以前单纯追

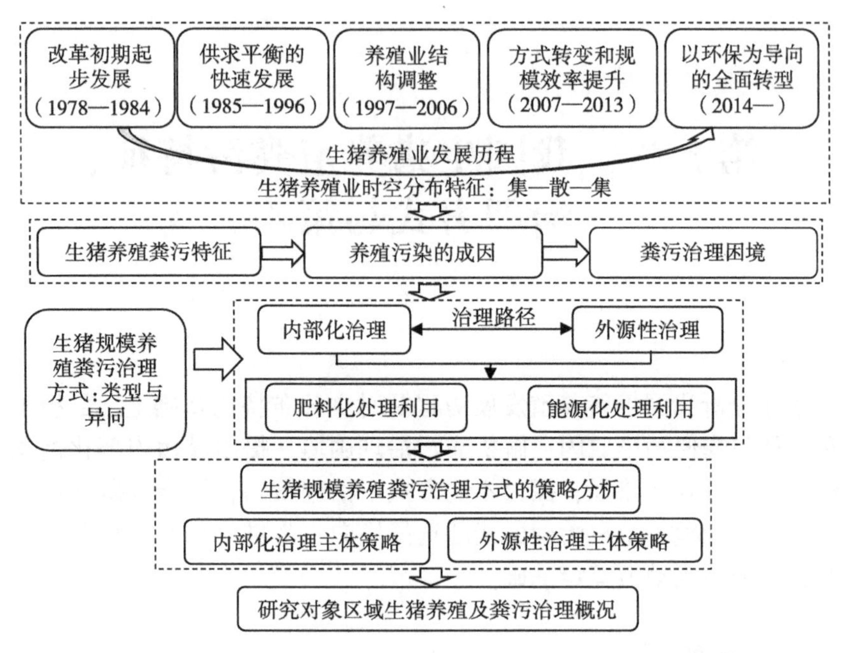

图 3-1　我国生猪养殖粪污特征、治理方式与策略分析框架

求养殖数量逐渐向追求数量、质量、结构和经营效益并重转变[136]，生猪产品供给能力显著增强，基本上满足了国民的消费需求，同时也带动农民持续增收。纵观改革开放以来我国生猪养殖发展 40 多年的历程，根据其阶段性特征可分为 6 个阶段：1978—1984 年，农村改革初期起步发展阶段；1985—1996 年，产品供求平衡的快速发展时期；1997—2006 年，生猪养殖业结构调整时期；2007—2013 年，方式转变和规模效率提升阶段；2014—2020 年，“三化”⑦ 同步发展阶段；2021 年至今，进入平稳有序发展期。具体如下。

（1）农村改革初期起步发展阶段。改革伊始，中国生猪生产面临市场供给严重短缺、养殖效率低下等问题，人年均猪肉占有量仅 8.2kg。1979 年，《中共中央关于加快农业发展若干问题的决定》指出鼓励农民庭院养殖，注重生猪出栏率和出肉量，并在 1982 年《全国农村工作会议纪要》中提出大力发展畜牧业。其间，农村家庭联产承包责任的推广制极大提高了农民的生产积极性，生猪存栏量、出栏量、猪肉产量分别从 1978 年的 3.01 亿头、1.61 亿头、789 万 t 增至 1984 年的 3.06 亿头、2.2 亿头、1444.75 万 t，人年

⑦ “三化”是指规模化、标准化、产业化。

均猪肉占有量 13.84kg，有效地缓解了猪肉供不应求的难题，生猪养殖业在此期间得以快速恢复发展。

（2）产品供求平衡的快速发展时期。为改善农业产业结构，活跃农业农村经济，适应市场需求，1985 年，“中央一号”文件提出逐步取消对生猪产品的派购，推行商品化发展，进一步提高了农民养殖的积极性。1988 年，“菜篮子”工程为生猪养殖业的快速发展提供了良好的契机。1996 年全国猪肉产量达 3 158万 t，与从 1985 年相比，年均涨幅 8.26%，全国人均猪肉占有量达 25.8kg，猪肉消费市场第一次实现供求基本平衡，扭转了一直以来猪肉供不应求的状况。

（3）养殖业结构调整时期。伴随着生猪养殖业快速发展，饲料粮资源短缺、生猪疫病突发、产品结构性过剩等问题逐渐显现。1999 年，农业部⑧印发《关于当前调整农业生产结构的若干意见》，提出结合区域资源禀赋，推进养殖业集约化经营。随后印发《关于加快畜牧业发展的意见》，引导养殖业向资源条件优越的区域发展，生猪养殖方式也逐渐向规模化发展转变，龙头企业对散户的带动作用效果显著[137]。猪肉占肉类总产量从 1997 年的 68.26%下降至 2006 年的 65.6%，其他畜产品产量占比有所提升。

（4）方式转变和规模效率提升阶段。2007 年“中央一号”文件提出调整养殖模式，鼓励有条件的地区发展规模养殖。发展较好的养殖户开始投资扩大养殖规模，散户占比逐渐减少。其间，生猪市场价格除了受“猪周期”影响外，社会经济水平、生猪疫病、食品安全、国际贸易等因素对其也造成了较大的冲击。其中，2007 年蓝耳病的爆发致使大量能繁母猪死亡，严重影响生猪市场供给，对此，为保障生猪产品的市场供应，国务院连续两次印发稳定生猪市场的相关文件，加大对规模化养殖的扶持力度，生猪生产效率也得到大幅提升。

（5）“三化”同步发展期。随着规模化、集约化养殖快速发展，种养脱节造成的环境污染问题也日益突出，土地资源短缺成为生猪规模养殖发展的重大制约[2]，同时，生猪养殖污染也成为主要的畜禽养殖污染源，局部地区甚至已经超出资源环境承载能力，造成资源环境压力和安全约束[30]，影响到生猪养殖业的可持续发展。2014 年，我国第一部专门针对畜禽养殖污染防治的法规性文件《条例》的颁布，是农村和农业环境保护工作的里程碑，标志着生猪养殖业进入规模化、标准化、产业化同步的现代化发展阶段。2016 年

⑧ 农业部于 2018 年更名为农业农村部，下同。

《全国生猪生产发展规划（2016—2020年）》进一步推进了生猪养殖业转型升级。

（6）平稳有序发展期。2021年是“十四五”开局之年，“三农”工作重心转向全面推进乡村振兴、加快农业农村现代化。“中央一号”文件明确提出生猪产业平稳发展的目标任务，农业农村部一号文件同时指出稳定生猪产业发展扶持政策，促进生猪生产平稳发展，保障生猪产品有效供给。

3.2.1.2 生猪养殖业地理分布时空特征

产业地理集聚是产业在空间上一种组织形态，是实现规模经济的前提，能够有效促进产业发展[138]，Rosenthal[139]认为规模经济由产业、时间和空间三维共同作用，自然优势、市场和消费等成为产业集聚形成的主要原因。关于我国生猪养殖业地理分布的时空特征已有研究[14]，运用1996—2016年我国生猪养殖业发展相关数据，采用区位基尼系数指标测度生猪养殖业时空分布及其演变特征，进一步运用Moran's I指数从空间相关性角度对生猪养殖业的地理集聚效应进行分析，运用SEM模型和SLM模型构建空间动态面板数据模型分析影响我国生猪养殖业地理集聚的主要因素，得出如下结论。

（1）生猪养殖业地理集聚特征。我国生猪养殖业发展的区位基尼系数如图3-2所示。基尼系数0.4是空间分布均匀与否的警戒线，计算结果显示生猪养殖区位基尼系数为0.469~0.491，说明我国生猪养殖业在空间上集聚特征明显，且始终处于不均匀的状态。同时，基尼系数的大小变化可定量的显示生猪养殖空间分布的集聚和疏散的过程，2004年区位基尼系数最高达0.491，2011年最低为0.469。1996—2005年生猪养殖业区位基尼系数呈现波动趋势，2005—2013年区位基尼系数呈下降趋势，其中，2007年变化趋势突出，主要原因之一是2007年我国多个省区发生高致病性猪蓝耳病疫情，导致母猪存栏量急剧下滑，生猪出栏量大幅下降，2013—2016又呈回升趋稳态势。我国生猪养殖业空间分布呈“集—散—集”的变化特征，但总体上空间集聚现象不断弱化。

（2）生猪养殖业的空间全局与局部发展特征。

①全局空间自相关分析。从Moran's I指数变化趋势（图3-3）可以看出，我国生猪养殖业发展存在空间自相关，即存在空间集聚效应。1996—2016年，我国生猪养殖业空间集聚效应呈现先波动中下降，继而迅速增长，后又稳中有升的变化趋势。1996—2005年空间集聚效应较弱，空间自相关程度整体偏低并呈现下降趋势，生猪养殖业发展水平较高省份的邻近区域由于

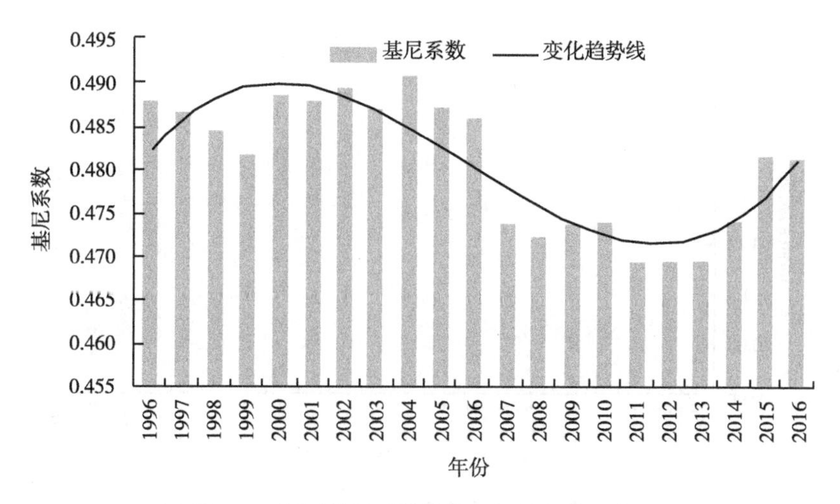

图 3-2　区域基尼系数趋势（1996—2016 年）

受养殖技术、资源禀赋、产业结构等因素的影响，与较远地区的生猪养殖业发展机会相对平等；2005—2007 年集聚程度呈急剧上升趋势，表明我国生猪养殖业分布的空间自相关性在急剧增强，生猪养殖业发展水平较高省份辐射带动邻近区域养殖业发展，与较远地区的生猪养殖业发展差距越来越明显；2007—2011 年集聚度趋于均衡；2011—2016 年集聚度呈稳中增长趋势。整体上我国生猪养殖业空间集聚现象呈增长态势。尤其是近几年空间集聚度较大，区域发展不平衡，主要是因为规模化、集约化、专业化养殖的迅速发展，同时，大量散养户和小规模养殖户逐渐退出等。

②局部空间自相关分析。Moran's I 值虽反映邻近区域生猪养殖发展存在的空间集聚效应，但并不能体现空间集聚的局部形式，而 Moran 散点图可以有效分析其局部变化趋势，以及各省区与邻近区域的局部空间相关性。Moran 散点图将各省区生猪养殖业发展水平分布在 4 个象限，依次为高—高、低—高、低—低、高—低四类集聚区，其空间联系分别表现为扩散效应、过渡区域、低速增长区、极化效应，可以有效分析生猪养殖发展空间集聚的局部变化趋势，以及各省区与邻近区域的局部空间相关性。运用软件实现 1996—2016 年具有代表性年份生猪养殖业空间布局 Moran 散点图，并将相应集聚区的局部空间聚类情况进行汇总，各类型集聚区特征如下：

i. 高—高集聚区。主要集中在中东部和南部地区。该区域各省区生猪养殖业发展水平相对较高，养殖规模相对较大，同时，该集聚区地理区位、资源禀赋等优势积极推动生猪养殖业发展，并对邻接省区的生猪养殖业发展起

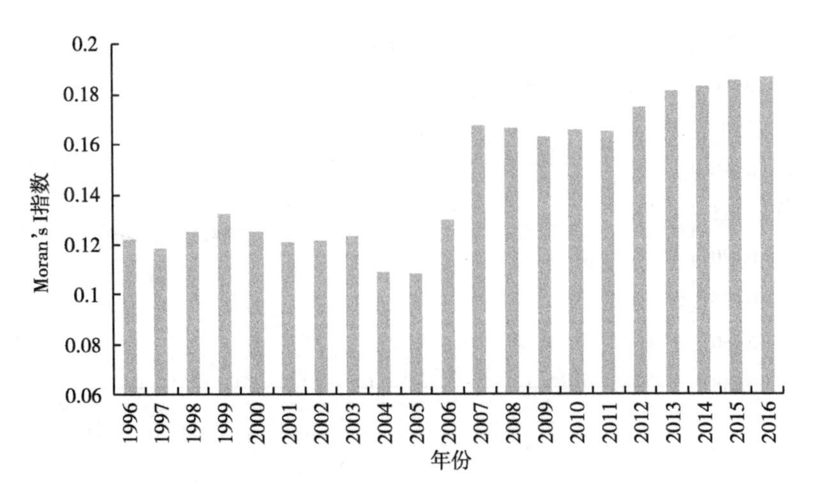

图 3-3　我国生猪养殖业 Moran's I 指数变化趋势

到辐射带动作用，该集聚区表现出较为明显的扩散效应。

ii. 低—高集聚区。主要集中在中西部的山西、陕西、重庆、贵州、西藏和东部沿海的上海、浙江、福建等省区。该集聚区生猪养殖业发展水平相对较低，其邻接省区发展水平相对较高。1996—2016 年，该区域分布的省区逐渐减少，其中，北京、天津、浙江等省区逐渐由低—高集聚区转入低—低集聚区，表现为明显的过渡区域。

iii. 低—低集聚区。该区域主要集中在黑龙江、吉林、内蒙古、宁夏、甘肃、青海、新疆和海南等地区，大部分省区在地理位置上相邻，生猪养殖业发展总体水平比较低。该区域所占省份的比例逐渐增加。由于产业结构较为相似且长期处于低速发展水平，该区域环境承载力和饲料资源的优势，使其成为生猪养殖业发展的潜在增长区。

iv. 高—低集聚区。主要分布在河北、四川、辽宁等地。该区域生猪养殖规模及发展水平相对较高，由于其邻接省区发展水平较低，使得该区域各省区表现为明显的极化效应。例如，四川作为我国生猪养殖第一大省，邻接省区为陕西、重庆、贵州、云南、西藏、青海、宁夏等，邻接区域的生猪养殖业发展水平相对较低，由于四川发展水平较高，因此，对其产生一定的极化效应。

（3）生猪养殖业地理集聚发展的影响因素。我国生猪养殖业的空间分布由自然资源禀赋差异确定其发展的基本格局，由消费结构引起的经济发展和科技进步等要素导致了生猪养殖业空间集聚的波动。生猪养殖业区位基尼系数对我国生猪养殖业的地理集聚进行了刻画。前文分析（Moran's I）显示，我国生猪养殖分布存在空间自相关。传统的回归模型已不能准确分析生猪养殖分布的影响因素，本节在考虑空间要素的基础上，运用SEM模型和SLM模型[14]对2005—2016年我国31个省区（不包括港、澳、台）相关指标的空间面板数据进行分析。结果显示，我国生猪养殖业空间集聚变化主要受资源、经济、技术等多种要素综合影响，其中，地理因素、土地资源、城镇化率、技术水平和规模化程度等成为显著影响因素。

3.2.1.3　生猪养殖地理集聚过程中带来的粪便污染环境风险

生猪养殖业地理集聚受自然资源、经济、技术及社会政策等多种要素综合影响，部分集聚特征显著的地区存在潜在环境污染风险。地理集聚过程中规模化养殖趋势明显，极有可能导致部分区域养殖密度过大，局部地区甚至已经超出资源环境承载能力，造成资源环境压力和安全约束，影响到区域的可持续发展。尽管目前有学者运用养殖数据估算养殖环境承载力并提出对策建议，但大多研究是基于养殖粪污能够运输并能够施用至农田的理想条件下进行的，没有考虑养殖区与农田的距离和粪污输送条件等因素[140]，并且现实中我国省域或市域生猪养殖分布并不均匀，多集中在生猪养殖大县，呈现局部区域性集聚，部分地区粪污积存量越来越大，资源环境承载力呈现超载现象，且在有效的运输半径范围内，无法实现就近就地消纳。此时，以经济效益最大化为目标的养殖户进行偷排、乱排的概率就会增大，导致周边环境污染的风险增加，往往造成点源污染，甚至成为周边水体富营养化的主要污染源。

3.2.2　生猪养殖粪污特征及粪便污染成因

3.2.2.1　生猪养殖粪污特征

在我国生猪养殖业发展初期，由于养殖规模偏小，主要为家庭散养，土地资源和劳力充裕，种植业地块能够消化家庭养殖业的粪污，生猪养殖废弃物能够就地利用和消纳，即种养结合。该种模式经济可行，适用于粪污量较小的发展初期，同时，生猪养殖带来的收益在一定程度上掩盖初步显现的环境问题。随着养殖规模的不断扩大，所造成的污染问题日益明显，粪便污染逐渐成为我国农业污染的主要污染源。我国生猪规模养殖产生的粪污及其污染呈现总量增加、程度加剧、范围扩大等特点[141]，同时具有点源污染和面源污染特性。

(1) 粪污排放总量大并且兼具点源与面源污染特性。根据第一次全国污染源普查公告，农业污染已成为地表水污染的主要成因。而在农业污染中比较突出的是畜禽养殖污染，畜禽养殖业粪便和尿液产生量分别达 2.43 亿 t 和 1.63 亿 t，其中 COD、TN 和 TP 分别占农业污染源的 96%、38%和 56%。据估计，畜禽养殖废弃物中氮、磷的流失量已大于化肥的流失量，约为化肥流失量的 1.22 倍和 1.32 倍[142]。近年来，随着规模化养殖的快速发展，生猪粪污产生量也随之不断增加。按猪当量计，全国生猪粪污产生量约占畜禽粪污总量的 47%，表明生猪养殖粪污排放不容小觑。在生猪养殖污染产生和处理过程中均呈现出点源污染的特点。以大规模生猪养殖污染监测为例，按照点源污染总量监测的办法以及对生产工艺的分析，确定其监测项目和监测频次，从而找到粪污治理的关键节点；而粪污在进入环境用于农业生产时，其在环境中的流失以面源污染的方式呈现，主要表现在农村水体和土壤方面。相比大规模养殖户在养殖过程中可能形成的相对集中的点源污染而言，分散的中小规模养殖场可能存在治理难度更大、问题更为严重的面源污染风险[133]。

(2) 污染的广泛性与不易监测性。我国作为生猪养殖大国，养殖污染问题异常严峻。结合生猪养殖规模分类标准⑨，对生猪规模养殖场数量进行整理统计显示，2015 年，我国规模猪场约 250.3 万个，其中，小规模猪场 223.85 万个、中规模猪场 25.99 万个、大规模猪场 0.46 万个，分别占总规模猪场的 89.43%、10.38%和 0.19%，猪场分布相对较为分散。我国规模猪场分布范围广，以全国各省份规模猪场数量排名为例，排在前六位的是：四川、湖南、山东、河南、辽宁和吉林。猪场产生的粪污若不加处理排入环境将造成较为广泛的负面影响，粪污治理产生一定的成本，其中，粪污混合物的高浓度性成为治理成本较高的原因之一。有些养殖户为节约成本，猪场产生的污水偷排漏排现象明显，猪粪经堆沤发酵后还田，由于处理方式不当和利用不合理，通过农田直接进入环境，对土壤和水体都会造成污染。此外，由于大部分规模养殖场未形成养殖小区，呈现“多而散”分布，增加了粪污治理的监管难度。

(3) 区域性污染程度差异大。生猪养殖污染主要受养殖时间、养殖方式、管理方法、污染物处理方式等影响，污染存在较大的差异。养殖场在夏

⑨ 该部分养殖规模的界定参考《中国畜牧业年鉴》对生猪养殖规模的分类，猪场年出栏 50~499 头的为小规模，500~9 999头为中规模，1 万头以上为大规模，详见 1.3.2 概念界定。

秋季和冬春季污染的差异主要体现在用水量的不同，即对圈舍进行降温和打扫用水，由此产生的污水量差异较大。同时，由于地域气候的影响，粪污治理设施的运行及处理效果区域性差异相对较大。此外，不同的养殖管理方法对污染物的产生和排放均产生影响，现代化的饲养管理以及废水的循环利用等都将大大地降低污染物的产生量。在空间分布上，不同区域的养殖量决定了粪污的产生量，进而导致环境承载力和污染程度的差异。由前文分析可以看出，我国生猪养殖业在地理空间分布上存在明显的集聚现象，区域发展不平衡，存在较大的区域性环境超载风险。

（4）不同养殖规模的污染程度各异。规模较小的养殖户一般具有足够的农田通过种养结合实现粪污消纳，粪污处理利用率较高[143]，而规模化程度高的养殖场，除了需要配套足够面积的农田，在环保资金缺乏的压力下，区域性集中产生的大量粪污较难及时就近就地消纳，部分粪污未经处理就直接排入环境，从而导致严重的环境污染[20,144]，并且不同养殖规模对环境影响各异，养殖规模与环境污染形成倒“U”形“环境库兹涅茨曲线”，即中规模养殖对环境造成的污染较高，而大规模和小规模养殖造成的污染相对较低[39,145]。此外，大规模养殖在粪污治理方面能够实现规模经济，降低粪污治理的交易成本，有助于生态环境的改善[133]，并且能够促进养殖技术和粪污治理技术的创新与进步，从而有利于生猪养殖粪污治理效率的提升[146]。

3.2.2.2　生猪养殖粪便污染的成因

改革开放以来，我国生猪养殖业经历了不同的发展阶段，由传统的分散饲养转向规模化养殖，综合生产能力持续增强，为国民猪肉食品消费提供强有力的保障。伴随着生猪养殖业的快速发展及生产方式的转变，养殖污染随之而来，并逐渐成为生猪养殖业发展过程中亟待解决的问题。

（1）养殖数量扩大带来粪污产量持续增加。农村社会经济体制改革和家庭联产承包责任制的确立为畜牧业由农副产业向农业主导产业转变奠定基础，生产要素供给充足以及相关政策扶持加快养殖业发展进程。在农村改革初期恢复发展阶段和产需平衡快速发展时期，生猪养殖方式主要是以家庭为单位分散养殖，在国家鼓励社员家庭养殖、开放牲畜市场，并为有条件的地方分配饲料用地等政策作用下，饲养专业户开始零星出现[147]，1982年《全国农村工作会议纪要》提出发挥农牧结合的优势，为养殖业发展和粪便处理提供了思路，并且该时期饲料和化肥工业刚刚起步，技术水平不高且产能较低，难以满足养殖业和种植业的生产需求，粪肥成为提高种植业单产的主要肥料来源，并且有足够的农田消纳养殖产生的粪污。随着“菜篮子工程”等政策的出台与实施，为生猪养殖业发展提供了前所未有的机遇，极大地调动了养殖户的积极性，短期内生猪养殖业获得较快发展，并带动了一批专业养殖户的发展，经营规模越来越大[148]，生猪产品得到有效供给，但随之而来的粪污产生量也开始逐年增加。

（2）专业化、规模化生产导致种养分离凸显。随着社会的发展进步，传统的养殖模式逐渐向规模化养殖方式转变，并出现个体养殖户与养殖场并存的现象。在养殖业结构调整时期以来，养殖业的快速发展带动了饲料产业专业化程度的不断提高[149]，专业化分工使得专业养殖户和养殖场逐渐退出种植业生产。与此同时，我国化肥工业快速发展并迅速登上历史舞台，化肥的使用对农业增产增收发挥重要作用，但也大大降低种植户在农业生产方面对粪肥的需求[150]，农牧业循环发展逐渐分离。在规模效率提升阶段，发展较好的专业养殖户开始投入资金扩大养殖规模，农户散养逐渐退出，规模化、集约化养殖快速发展，粪污产生量也越来越大，需要大量土地进行消纳。然而，由于种植业和养殖业结构性矛盾越来越明显，养殖场周边没有能够消纳粪污的土地，粪污还田利用率降低[151]。种植业与养殖业之间这种缺乏协调互补的“种养分离”模式阻断了种植系统与养殖系统之间的物质循环利用，导致养殖业大量粪便资源在环境中流失，没有进入种植业生产环节，成为粪便污染的主要原因。

（3）空间分布不合理导致区域资源环境承载力不足。目前，我国生猪养殖业发展处于转型升级的关键时期，面临着资源约束趋紧、环境压力加大等问题。在部分生猪养殖区域承受着严重破坏资源环境承载力的风险，难以有效促进生猪养殖业的可持续发展，尤其是京津冀地区和南方水网区面临巨大挑战。其中，由于养殖空间分布不合理造成的土地资源短缺逐渐成为生猪规模养殖发展的重大制约，由此造成的粪便污染、种养脱节等问题也日益突出[30]。结合前文对生猪养殖业地理集聚特征的分析结论，1996 年以来我国生猪养殖业空间分布呈现“集—散—集”的变化特征，并且 2011—2016 年的地理集聚度逐渐增强，表明我国生猪养殖业在地理空间分布上极其不平衡，可能造成部分区域承载力处于超载状态，生猪养殖业地理集聚成为区域性、季节性缺乏足够土地消纳粪污的原因之一，从时间上，随着生猪养殖规模的扩大，生猪粪污产出的连续性与种植业肥料需求的季节性要求有足够的农田存储和消纳粪污；从空间上，由于生猪养殖业的地理集聚，不能以空间连续的方式与种植业相匹配，即养殖场周边或养殖密集区没有足够的农田就近就地消纳粪污。进一步结合局部空间自相关分析结果发现，我国生猪养殖主要集中在中东部地区和南部地区，且地理集聚特征显著，这些地区局地面临着粪污消纳土地面积不足的潜在风险。

3.2.3　粪污处理利用方式与治理困境

3.2.3.1　粪污处理利用方式

生猪粪便作为养殖废弃物，若不经处理直接排放，会对环境造成严重污染，若经过资源化处理[44]，转换为肥料或能源，不仅能够消除对环境的负面影响，还产生经济价值和社会效益[43]，探讨并优化高效的养殖废弃物资源化利用方式具有重要的意义。即使我国不同区域的养殖废弃物资源化处理利用受自然条件、农业生产方式、经济发展水平等多种条件综合影响而有所差异，但是结合生猪养殖污染的形成原因与特点，粪污的资源属性决定了不同区域生猪养殖粪污治理存在共同特征。粪污治理主要有能源化、肥料化和达标排放⑩3种处理利用方式。不同粪污处理利用方式流程如下。

（1）能源化处理利用。能源化处理即以沼气和生物天然气为主要处理方向，以农用有机肥和农村能源为主要利用方向，通过建设沼气工程及副产物综合利用项目，将养殖废弃物经厌氧发酵处理后，产气发电，并进行余热回收，形成能源循环利用路线[52]。沼液和沼渣则分别通过深度处理工艺和发酵堆肥技术生产有机液肥和固肥[54]。此外，沼液也是防治病虫害的“生物农药”[55]。能源化处理是以猪场粪污资源化处理为前提，以能源化利用为核心，以土地消纳为纽带，形成的粪污高效处理利用方式（图3-4）。

（2）肥料化处理利用。肥料化处理利用是指粪污经过无害化处理后以还田为目的，以固体和液体肥还田利用为主、其他利用方式为辅的粪污全量化处理利用方式。其中，粪的肥料化是通过发酵，利用微生物发酵产生的高温杀灭病原菌和虫卵，实现粪肥的无害化，将粪肥中的有机废弃物转化成腐熟基质的生化过程；污水的肥料化通过厌氧或好氧发酵进行无害化处理形成液态肥。通过还田利用对于提高土壤肥力和农作物增产具有明显的效果[47]，该

⑩　达标排放处理利用方式在本研究中只作为一种处理路径进行介绍，但由于该处理利用方式普及率较低，不作为本书的重点研究内容。

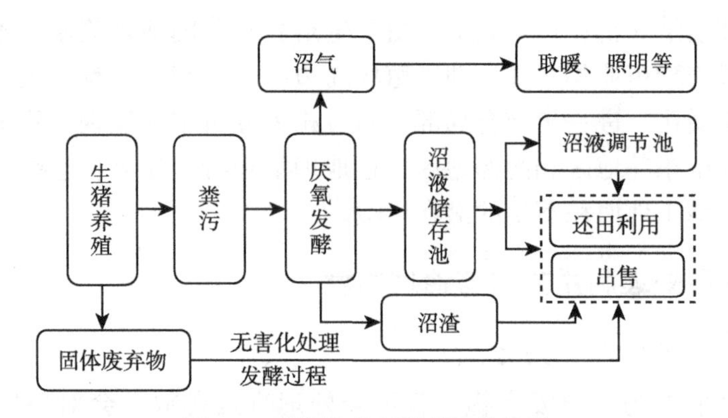

图 3-4 能源化处理利用工艺流程

利用方式要求配套适当规模的农田和适宜的粪肥还田技术设备[48]。处理利用流程如图 3-5 所示。

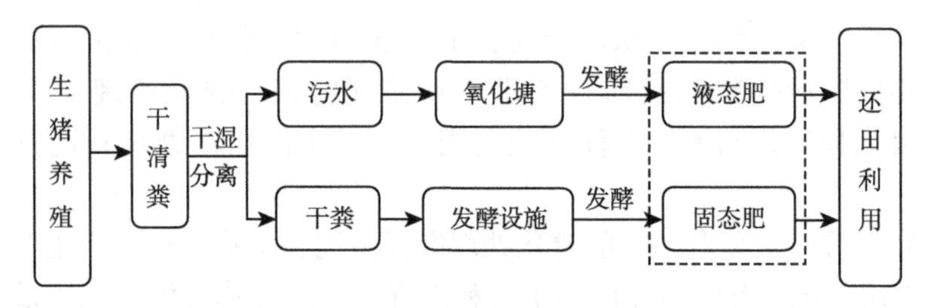

图 3-5 肥料化处理利用工艺流程

（3）达标排放处理利用。深度处理达标排放以降低污水中的污染物，达到国家污水排放标准为目标[59]。适用于不具备配套农田的大中型规模化养殖场。特点是把养殖场的粪直接出售或处理后利用，污水经厌氧、好氧处理后，进行脱氮除磷、除臭抑菌等深度处理，达到排放标准要求[60]。该方式将生猪养殖产生的粪污进行固液分离，固体废弃物出售或经处理后利用，液体废弃物进行厌氧发酵、好氧处理及后处理等工业手段实现达标排放（图 3-6）。

虽然不同处理利用方式对促进粪污资源化利用均起到一定的积极作用，但适用条件各异。上述 3 种利用方式中，肥料化处理的资金投入相对较小，但需要匹配相应面积的农田；能源化处理的产出投入比较大，经济效益和环境效益明显；达标排放处理的主要目的是实现污水达标排放，资金投入较大，经济效益较低。不同处理利用方式的比较分析详见表 3-1（贾春雨[61]；杨媛媛等[58]；饶静等[10]；段妮娜等[49]）。

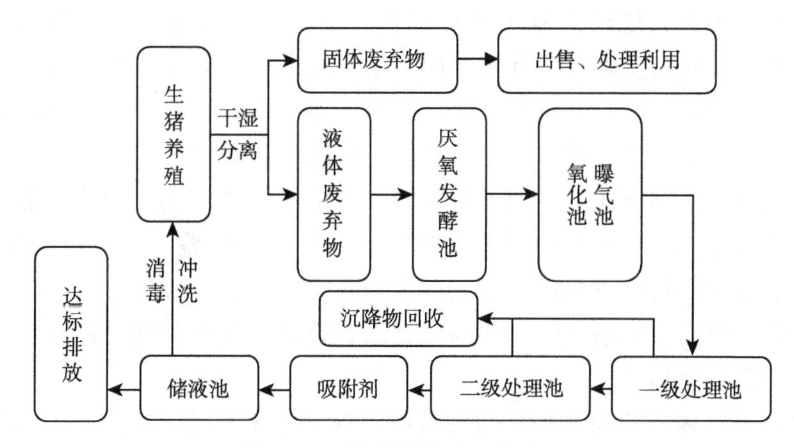

图 3-6　达标排放处理工艺流程

表 3-1　不同处理利用方式比较分析

类别	肥料化处理利用	能源化处理利用	达标排放
适用范围	有配套面积的农田，常年种植施肥量大的作物，适用中小型猪场	适用于处理高浓度污水，所有生猪养殖场均适用	要有一定的土地建处理池。主要适用土地紧张、粪便产生量大的猪场
优点	投资少、运行费用低、粪污综合利用率高	占地少、能源回收率和粪污综合利用率高，经济效益和环境效益好	污水达到国家排放标准，实现达标排放或不对外排放
缺点	需要大面积农田，施肥季节性较强，且施肥量受到限制，可能对地下水、空气造成污染	前期投入大，对操作人员技术要求高，需要一定面积土地或能源市场消纳	投资大，运行成本高，对操作人员技术要求高，经济上不可行

3.2.3.2　粪污治理的困境

（1）相关要素缺失导致粪污消纳路径受阻。已有研究表明随着养殖规模的扩大，养殖户为规避损失对养殖业的环保投入越多[68]，由于不同规模养殖户选择的粪污处理模式各异[65]，因此在粪污处理过程中受土地、技术、资金等要素缺失的影响从而制约粪污资源化利用进程。①土地制度不完善。一方面，土地流转难度大、成本高，养殖场周边没有能够消纳完全粪污的配套土地[10,152]；另一方面，由于土地使用权不稳定的存在，种植户为达到短期增产的目的而施用化肥行为明显，很大程度上降低了长期施用有机肥的投入[153]，因此造成养殖粪污肥料化利用受阻。②技术与资金短缺。国内外关于粪污的能源化、肥料化、饲料化、基质化等应用技术较多，受技术经济成本的制约，目前以肥料化应用居多。由于资金短缺，养殖场粪污处理设施配套率不高，而稍大规模的养殖场虽配备了沼气处理设施，但与其规模不配套，仍有大量的粪便未得到有效处理。③产品市场缺失导致粪便资源化利用程度低。一方面，由于有机肥产品质量标准不规范，行业准入门槛较低，市场定价机制混乱，缺乏销售途径，此外，有机肥和农产品质量监管不到位等进一步压缩其利润空间，不利于粪便的肥料化利用[84]；另一方面，能源化利用成本投入高，沼气生产受季节变化影响，持续性较差，缺乏市场竞争力，部分养殖场在高温季节通过燃烧或直排的方式减轻储气压力[62]，另外，养殖场沼气生产缺陷影响沼气发电并网，难以有效落实发电并网补贴政策，不利于粪便的能源化利用。

（2）制度体系建设滞后，粪污排放监管难度大。我国生猪养殖粪污治理工作尽管起步早，但是重视程度不够，养殖粪污治理工作的保障不足。2001年以来，国家相继出台《畜禽养殖污染防治管理办法》《畜禽养殖业污染防治技术规范》《畜禽养殖业污染物排放标准（GB 18596—2001）》以及《条例》等政策文件用于促进养殖业污染防治，相关扶持政策大多倾向于规模化程度较高的养殖户。目前我国中小规模生猪养殖户数量依然庞大[154]，同时，已有研究显示若将粪污治理成本纳入生猪养殖成本，大规模养殖将失去成本优势[155]，对养殖户进行粪污治理支持不足。此外，相关文件规定生猪养殖污染监管的规模标准为年存栏300头以上或年出栏500头以上，各地环保部门依据该标准对监管规模划定不一，其中，小规模和部分中规模养殖户没有被纳入到环保监管体系，增加了对粪污利用的监管难度，养殖污染的随机性增大。

（3）粪污治理受阻的制度根源是市场失灵与政府失灵。我国生猪养殖粪污治理主要依靠政府选取典型推动，养殖主体的有限理性使其缺乏自主进行粪污治理的积极性，未形成良性发展机制。当前的生猪市场价格并未反映粪污治理成本，市场价格形成机制不利于推动养殖主体投资环保设施[103]。粪污资源化产品市场发育滞后容易造成粪污治理的二次污染，不利于粪污治理的持续运行。由于环境信息的稀缺性与不对称性，一般情况下，受污染者对粪污的排放情况以及其对环境的危害等信息的了解程度低于养殖户，因此养殖户为了节约成本，常常对相关信息进行隐瞒，并将粪污排入环境中。

由于畜牧部门与环保部门的工作目标及利益诉求不同，容易出现政策执行脱节，如畜牧部门更加注重产能的稳定与提升，而环保部门为了达到保护环境的目的，采取停产整顿，甚至关停禁养等措施。因此，在政策执行过程中，政策制定与政策执行的脱节不断被放大。此外，政府相关部门由于体制问题在粪污治理方面信息沟通不畅，容易出现监管空白，这种由政府失灵导致的养殖污染监管乏力易造成粪污利用低效、治理乏力。

3.3 生猪规模养殖粪污治理方式：类型与异同

3.3.1 生猪规模养殖粪污治理方式分类与市场结构

（1）生猪规模养殖粪污治理方式分类。生猪养殖粪污的资源属性决定了其与工业污染治理的本质区别，生猪养殖粪污作为重要的农业生产资料，将其处理并还田利用有利于实现种养业的可持续发展。基于我国生猪养殖污染形成的原因与特点，利用生态、工程等措施将粪污转化为能源产品和种植业投入品，通过农牧循环实现生猪养殖粪污治理[156]。然而，我国生猪养殖粪污治理的种养结合在时间和空间上的分离凸显，需要借助产业链和组织创新等方式实现，这也是我国生猪养殖粪污资源化利用过程的特殊性。基于农牧循环的空间分布和产业链特征，生猪养殖粪污治理方式可分为以养殖户为主要责任主体的内部化治理方式和以第三方治理企业和养殖户为主要责任主体的外源性治理方式。

①内部化治理的生猪规模养殖户能够通过自处理形式实现粪污资源化利用，从而达到粪污治理的目的，粪污治理过程中由养殖户承担粪污治理责任。即养殖户采用适宜的粪污处理模式，如能源化处理、肥料化处理等，将粪污中可利用物质转化为多元化的便于利用的产品，从而减轻或消除粪便排放对空气、水体和土壤等环境的损害。采用该治理方式的养殖户具备粪污处理资金与技术且养殖户周边配套有农田消纳粪污或粪污产品。

②外源性治理的生猪规模养殖户需要通过产业链尺度实现种养结合和粪污治理及资源化利用，粪污治理过程中由第三方治理企业承担粪污治理责任。即不具备粪污处理技术或资金，自身或周边没有足够的农田消纳和利用粪污的养殖户，委托第三方治理企业对粪污进行收集、运输和集中处理。干粪采用厌氧、好氧发酵工艺生产有机肥；污水进行高浓度发酵，产生的沼气用于发电并网、提纯生物天然气等，实现热电气联产，沼渣、沼液用于出售或制作有机肥，实现一定半径的异地利用[60]。种植业与养殖业发展的时间演变和空间分离，使养殖粪污的第三方治理成为可供选择路径[154]。该模式适

用于区域内不具备粪污处理条件的养殖户和没有匹配环境承载力的养殖密集区。

（2）粪污治理方式的市场结构。改革开放以来，我国生猪养殖业发展政策由单纯的支持养殖业发展逐渐向养殖与粪污治理并重转变，对规模养殖户进行环境规制成为当前粪污治理的重点，这不仅关系到我国生猪养殖业的可持续发展，而且对于实现我国生态文明建设和乡村振兴具有重要意义。环境规制是以环境保护为目的实施的各项政策与措施的总和。严格的环境规制要求养殖户在粪污治理方面增加投入、创新技术、发展环境友好型产品[157]，虽有利于环境保护和资源节约，但势必对养殖户效益产生较大冲击。而养殖户采用粪污的外源性治理方式，通过粪污治理责任主体转移，能够降低粪污治理成本和技术要求。由此，生猪规模养殖粪污的内部化和外源性两种治理方式形成了粪污治理的两个市场。

市场结构—行为—绩效（SCP）理论认为市场结构是市场行为和市场绩效的基础，市场行为是企业保持或提高市场结构和市场绩效的途径，市场绩效是市场结构和市场行为的结果。一般而言，市场集中度越高，少数大企业占据的市场份额越高，大企业对市场的控制力也就越强。虽然影响市场结构的因素众多，但对于养殖粪污治理来说，其主要因素是规模经济。从市场结构来看，我国的粪污治理市场属于非完全竞争市场，而大多关于养殖粪污治理的研究往往隐含完全竞争市场模型，但完全竞争市场并不存在，只是一种理想化的市场结构。若只考虑市场结构，从经济学原理可以得出，不同市场类型的经济效率从高到低依次为完全竞争、垄断竞争、寡头垄断、完全垄断。然而，若将养殖污染的外部性引入，不同市场类型的经济效率从高到低顺序变为完全垄断、寡头垄断、垄断竞争、完全竞争[158]，在一定程度上反映粪污治理的规模经济优势。

表3-2为调研区域[⑪]生猪规模养殖户粪污治理模式的市场结构概况，从表3-2中可以看出，总样本中通过能源化、肥料化和深度处理达标排放等模式实现粪污内部化治理的规模养殖户占50.36%，其中，小、中、大规模养殖户实施内部化治理的比例分别为27.89%、54.28%、73.68%，从规模化程度可以看出，养殖规模越大，进行内部化治理的比例越高，从一定程度上反映了粪污治理的规模效应。所调研的样本中70.11%的养殖户愿意通过第三方治理粪污，尤其是中小规模养殖户表现较为明显，主要原因是一方面缺乏

---

⑪ 调研区域样本具体情况见3.5节。

粪污治理能力，另一方面由于粪污治理投入产出不成比例，不能实现粪污治理的规模经济效益。在环境规制日益趋紧的情况下，这部分养殖户选择外源性治理的可能性就会增大，成为选择粪污外源性治理的潜在对象，在一定程度上反映了粪污外源性治理市场的潜力。外源性治理能够发挥第三方治理企业在粪污治理中的专业化、规模化和市场化优势[101]，能够有效应对粪污治理中的市场失灵，还能克服养殖户粪污治理资金、技术和人员短缺问题[159]，提高粪污治理效率和治理效果。由于我国相关政策与市场体系不完善，外源性治理市场集中度偏低，目前，养殖粪污外源性治理主要集中在我国南方水网区，截至调研终止调研区域还未真正实施第三方治理。从表 3-2 中可以看出第三方治理市场潜力较大。

表 3-2　调研区域规模养殖户粪污治理方式的市场结构概况

类别		小规模		中规模		大规模		总样本	
		样本数	比例（%）	样本数	比例（%）	样本数	比例（%）	样本数	比例（%）
内部化治理	能源化处理	2	0.80	18	2.37	31	27.19	51	4.54
	肥料化处理	68	27.09	388	51.12	50	43.86	506	45.02
	达标排放处理	0	0.00	6	0.79	3	2.63	9	0.80
外源性治理（潜在）	第三方治理意愿	170	67.73	560	73.78	58	50.88	788	70.11

注：数据来源于调研数据整理得出。由于调研区域还没有第三方治理，将愿意采用第三方治理的养殖户定义为潜在外源性治理样本。

3.3.2　内部化治理与外源性治理的异同

种养结合是生猪养殖粪污治理的根本出路，粪污治理市场化运作是其发展方向，内部化治理方式下养殖户作为粪污治理的主要责任主体，种养结合模式主要由养殖户根据周边种植业及农田面积情况进行就近就地消纳。从产业链视角看，当猪场周边配套有足够面积的农田，养殖户了解堆肥氧化或沼气工程等粪污无害化处理技术，且具备粪污处理的经济条件时，粪污经无害化处理后还田利用；当猪场周边没有配套足够面积的农田时，养殖户通过委托第三方治理企业进行集中收集处理异地利用，第三方治理企业将种植业与养殖业链接起来，通过专业化处理实现种养业的再结合[160]。从市场化视角看，内部化治理过程中把粪污外部效应内部化，供求机制、竞争机制、价格机制等要素得不到体现与发挥，主要依赖于政府的管制措施和自身的自律；

外源性治理的第三方企业在粪污治理市场化运作过程中弥补了市场主体缺失，在一定程度上能够消除内部化治理中信息不对称的问题，同时，也是克服政府失灵和市场失灵的有效途径。

3.4 生猪规模养殖粪污治理方式的策略分析

当前，生猪养殖的随机性、分散性和隐蔽性等特点增加了粪污治理的监管难度[8]。养殖户缺乏粪污处理的技术、时间和劳力，为追求短期利益而选择随意处理粪污，甚至直接排放，从而导致环境污染[161]。在政府投入大量人力、物力、财力的同时，相关责任主体并没有达成粪污治理共识[106]，粪污治理积极性较低，部分粪污治理工程形同虚设、粪污治理效果不佳。另外，地方政府在经济绩效和环境绩效的权衡中较多默许经济效益和政府绩效最大化[7]，加之监管技术瓶颈和监管成本较高导致地方政府监管力不从心[162]，当前生猪规模养殖粪污治理动力不足。生猪粪便的“污染性”与“资源性”决定粪污治理的公共性和复杂性，粪污治理不仅仅是地方政府或养殖户的一己之责，需要多方主体共同参与。《意见》和农业农村部制定的《畜禽粪污资源化利用行动方案（2017—2020 年）》指出：“支持第三方处理机构和社会化服务组织发挥专业、技术优势，建立有效的市场运行机制”。第三方治理在粪污集中收集处理及其资源化利用过程中起到重要衔接作用[7]。那么，在引入第三方治理以后，地方政府在生猪粪污治理中如何定位，地方政府、第三方治理企业和养殖户在粪污治理过程中的责权利担当及其相互关系如何影响粪污治理效果。基于此，运用演化博弈理论，分别从以养殖户为主要治理主体和以第三方企业为主要治理主体两个角度，分析生猪规模养殖粪污治理过程中不同利益相关者的利益诉求、决策依据及相互之间的协同作用，找出生猪规模养殖粪污治理的优化策略。

3.4.1 研究假设与参数变量

3.4.1.1 问题描述与研究假设

生猪粪便的“污染性”与“资源性”决定粪污治理的公共性和复杂性，粪污治理除需要地方政府的支持，更需要养殖户的积极参与，然而，养殖户的粪污处理资金和技术瓶颈也使得其在粪污治理方面乏力。通过引入第三方治理企业，在政府引导下与养殖户联动协作，明确粪污治理过程中各相关利益主体的责权利担当，挖掘粪污治理动力因素，探索可持续的粪污治理路径。为进一步明晰相关问题，结合现实情况提出如下假设：

假设1：地方政府、第三方治理企业和养殖户均为有限理性行为主体，各主体均追求自身利益最大化。

假设2：各博弈主体来自各方群体，博弈是主体间的动态重复博弈，可通过总体演化博弈的复制子动态方程模拟其策略演化路径。

假设3：在地方政府、第三方治理企业和养殖户三个群体中各自随机选取一个参与者进行博弈，政府通过监督、惩罚或者合理的激励措施引导其他主体参与粪污治理，政府的策略为引导和不引导，策略空间为G=（g引导，$\bar{g}$不引导）；养殖户的策略为参与治理和不参与治理，策略空间为E=（e参与治理，$\bar{e}$不参与治理）；第三方治理企业根据政府和养殖户的合作态度，决定是否对粪污治理进行投资，第三方治理企业的策略选择包括处理和不处理，策略空间为H=（h处理，$\bar{h}$不处理）。

假设4：三个群体的群体规模标准化为1。其中，地方政府选择“引导”策略的概率为x，“不引导”策略的概率为$1-x$；养殖户选择“参与治理”策略的概率为y，“不参与治理”策略的概率为$1-y$；第三方治理企业选择“处理”策略的概率为z，“不处理”策略的概率为$1-z$；x、y、z均为关于时间t的函数，且$0 \leq x \leq 1$，$0 \leq y \leq 1$，$0 \leq z \leq 1$。

3.4.1.2 影响策略选择的参数变量

（1）影响政府策略选择的参数变量。对于地方政府而言，用于粪污治理的专项经费为C_g，无论地方政府是否选择引导策略，只要其他参与主体选择粪污治理行为，那么，粪污将得到治理，地方政府因此获得上级奖励V_g；反之，如果其他主体选择不治理，地方政府就会因此受到上级处罚，记为地方政府受到的罚款P_g。

（2）影响养殖户策略选择的参数变量。对于养殖户而言，正常的养殖收益为S_e，选择参与治理时，采用饲养节水设备，建设配套储粪场和污水池做到“三防”，并进行干湿分离等需要投入一定的费用C_e，并以补贴形式获得地方政府的资金或物质激励V_e和监督举报由于第三方治理企业不处理粪污获得的额外收益R_e，以及粪污进行资源化利用和获得更好养殖环境产生的额外收益W_e。反之，若选择不参与治理策略，在没有第三方治理企业参与的情形下，将被处以一定额度的罚款F_e，同时由于损害养殖环境对养殖户产

生负收益 L_e ；在第三方治理企业参与的情形下，造成由环境污染影响周围农户友好关系、人畜患病以及第三方治理企业生产原料短缺等损失，因此，第三方治理企业和养殖户产生负收益 $K_e b_e$ 和 $(1-K_e)b_e$ 。

（3）影响第三方治理企业策略选择的参数变量。对于第三方治理企业，通过粪污处理获得粪污产品的收益为 S_h ，选择处理粪污策略需要支付配备粪污处理设施设备的成本 C_h ，当地方政府同时采取引导策略时，第三方治理企业还能够从地方政府获得一定的物质激励 W_h ；反之，若选择不处理策略，可获得额外收益 V_h ，但因此造成的环境危害对第三方治理企业和养殖户产生的负收益分别为 $K_h b_h$ 和 $(1-K_h)b_h$ 。若此时地方政府采取引导策略并对第三方治理企业进行监管或养殖户选择积极参与治理策略对第三方治理企业实施监督，那么，第三方治理企业会受到来自地方政府的处罚 P_h 。

3.4.2 内部化治理方式下地方政府与养殖户的策略选择

3.4.2.1 支付矩阵构建

根据以上参数变量意义，构建养殖户和地方政府的粪污治理支付矩阵 G'（表3-3）。

表 3-3 养殖户与地方政府演化博弈支付矩阵

G'		养殖户 E	
		参与治理 e	不参与治理 $\bar{e}$
地方政府 G	引导 g	$(V_g-C_g-V_e,\ S_e+W_e+V_e-C_e)$	$(F_e-C_g-P_g,\ S_e-F_e-L_e-\lambda_2 C_e)$
	不引导 $\bar{g}$	$(V_g-\lambda_1 C_g,\ S_e+W_e-C_e)$	$(-\lambda_1 G_g-P_g,\ S_e-L_e-\lambda_2 C_e)$

在支付矩阵中，地方政府可以随机独立地选择“引导”和“不引导”策略，但是，考虑到 2×2 非对称重复博弈，将地方政府在粪污治理方面的引导力度记为 $\lambda_1(0\leqslant\lambda_1\leqslant 1)$ ，λ_1 越小表示引导力度越低；将养殖户参与治理强度记为 $\lambda_2(0\leqslant\lambda_2\leqslant 1)$ ，λ_2 越小表示参与治理程度越低。

3.4.2.2 演化博弈模型建立

首先，构建地方政府群体的复制动态方程。地方政府选择“引导”与“不引导”的期望收益与总体平均期望收益分别为 μ_{11} ，μ_{12} ，$\bar{\mu}_1$ 。其中，$\mu_{11}=y(V_g-C_g-V_e)+(1-y)(F_e-C_g-P_g)$ 、$\mu_{12}=y(V_g-\lambda_1 C_g)+(1-y)(-\lambda_1 C_g-P_g)$ 、$\bar{\mu}_1=x\mu_{11}+(1-x)\mu_{12}$ 。由此，得出地方政府策略的复制动态方程如下：

$$F(x)=\frac{dx}{dt}=x(\mu_{11}-\overline{\mu_1})=x(1-x)(\mu_{11}-\mu_{12})$$

$$=x(1-x)[-y(V_e+F_e)+F_e-(1-\lambda_1)C_g]$$ 公式（3-1）

同理，构建养殖户群体的复制动态方程，并构成地方政府与养殖户粪污治理动态系统的复制动态方程式：

$$\begin{cases}F(x)=\dfrac{dx}{dt}=x(1-x)[-y(V_e+F_e)+F_e-(1-\lambda_1)C_g]\\ F(y)=\dfrac{dy}{dt}=y(1-y)[x(V_e+F_e)+(\lambda_2-1)C_e+W_e+L_e]\end{cases}$$

公式（3-2）

3.4.2.3　地方政府和养殖户策略系统的演化稳定性分析

依据地方政府与养殖户粪污治理动态系统的复制动态方程式（3-2），令 $\frac{dx}{dt}=0$、$\frac{dy}{dt}=0$，通过方程组求解，在平面 $P(\{(x,y)\mid 0\leqslant x, y\leqslant 1\}$ 可得有 5 个复制动态平衡点：E_1（0，0）、E_2（1，0）、E_3（1，1）、E_4（0，1）和 E_5（x^*，y^*），其中 $x^*=\frac{(1-\lambda_2)C_e-W_e-L_e}{V_e+F_e}$，$y^*=\frac{F_e-(1-\lambda_1)C_g}{V_e+F_e}$。

对于微分方程系统描述群体动态，可通过雅克比矩阵的局部稳定性分析局部均衡点的稳定性[163]。对 F（x）和 F（y）求偏导，得到雅克比行列式 Det（J）及行列式的迹 Tr（J）。由于复制动态平衡点不一定是演化稳定策略点，系统演化渐进稳定的充要条件是：雅可比矩阵行列式 Det（J）>0 和迹 Tr（J）<0。将通过复制动态方程式获得的 5 个复制动态平衡点（0，0）、（1，0）、（0，1）、（1，1）和（x^*，y^*）代入矩阵的 Det（J）和 Tr（J）的表达式中，如表 3-4 所示。

表 3-4　系统均衡点对应的矩阵行列式和迹表达式

均衡点 E（x，y）	类型	等式结果
E_1（0，0）	Det（J）	$[F_e-(1-\lambda_1)C_g][(\lambda_2-1)C_e+W_e+L_e]$
	Tr（J）	$[F_e-(1-\lambda_1)C_g]+[(\lambda_2-1)C_e+W_e+L_e]$
E_2（0，1）	Det（J）	$[V_e+(1-\lambda_1)C_g][(\lambda_2-1)C_e+W_e+L_e]$
	Tr（J）	$-[V_e+(1-\lambda_1)C_g]-[(\lambda_2-1)C_e+W_e+L_e]$

（续表）

均衡点 E（x，y）	类型	等式结果
E_3（1，0）	Det（J）	$-[F_e-(1-\lambda_1)C_g][(V_e+F_e+(\lambda_2-1)C_e+W_e+L_e]$
	Tr（J）	$-[F_e-(1-\lambda_1)C_g][(V_e+F_e+(\lambda_2-1)C_e+W_e+L_e]$
E_4（1，1）	Det（J）	$-[V_e+(1-\lambda_1)C_g][(V_e+F_e+(\lambda_2-1)C_e+W_e+L_e]$
	Tr（J）	$[V_e+(1-\lambda_1)C_g]-[(V_e+F_e+(\lambda_2-1)C_e+W_e+L_e]$
E_5（x^*，y^*）	Det（J）	$\frac{[F_e-(1-\lambda_1)C_g][(\lambda_2-1)C_e+W_e+L_e][V_e+F_e+(\lambda_2-1)C_e+W_e+L_e][V_e+(1-\lambda_1)C_g]}{(V_e+F_e)^2}$
	Tr（J）	0

注：Det、Tr、J 分别表示行列式、迹、雅可比式。

表 3-4 相关表达式中，$F_e-(1-\lambda_1)C_g$ 为地方政府选择引导和不引导策略的净收益之差；$(\lambda_2-1)C_e+W_e+L_e$ 为地方政府选择不引导策略时，养殖户参与治理和不参与治理策略净收益之差；$V_e+(1-\lambda_1)C_g$ 为地方政府选择引导和不引导策略的成本之差；$V_e+F_e+(\lambda_2-1)C_e+W_e+L_e$ 为地方政府选择引导策略时，养殖户参与治理和不参与治理策略净收益之差。由表达式容易看出，$V_e+(1-\lambda_1)C_g>0$、$(\lambda_2-1)C_e+W_e+L_e<V_e+F_e+(\lambda_2-1)C_e+W_e+L_e$。在此基础上，进一步对不同状态下的演化稳定策略进行分析。

3.4.2.4 地方政府与养殖户的演化稳定策略探讨

依据上述分析可以看出在生猪规模养殖粪污治理行动中地方政府和养殖户在不同情景下的演化博弈过程和各自的演化稳定策略。为了进一步探究生猪规模养殖粪污治理博弈模型中在不同的引导力度、治理强度、成本收益、奖罚力度等指标下，地方政府与养殖户进行粪污治理的渐进稳定性演化轨迹，分别分析不同情景下策略主体博弈的动态演化过程，并指出对应的平衡点是否为鞍点、不稳定或 ESS，并运用 MATLAB 进行仿真（图 3-7）。假设情景 5 中，假定系统演化稳定策略的初始点（x，y）为（0.4，0.6），横轴代表时间段 t，纵轴代表地方政府（x）和养殖户（y）的协作比例。情景 6 中将 x 和 y 的初始值分别设定为（0.8，0.2）、（0.6，0.4）、（0.5，0.5）、（0.3，0.7）、（0.1，0.9），横轴代表地方政府策略选择的运行轨迹，纵轴代表养殖户策略选择的运行轨迹。数值仿真如图 3-7 所示。

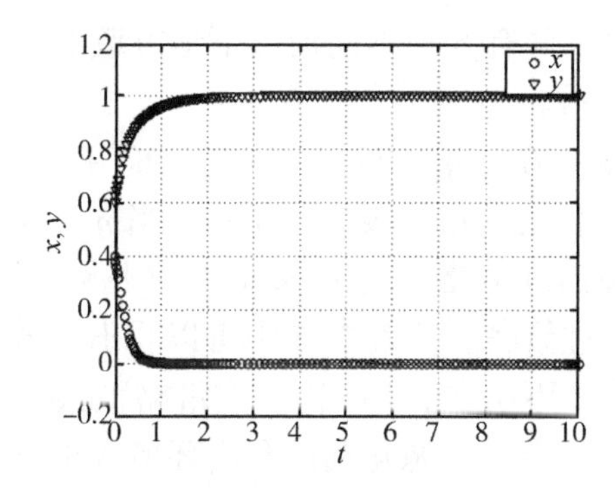

情景1：$Ve=4$，$Fe=4$，$Cg=9$，$Ce=5$，$We=2$，$Le=2$，$\lambda_1=0.6$，$\lambda_2=0.6$

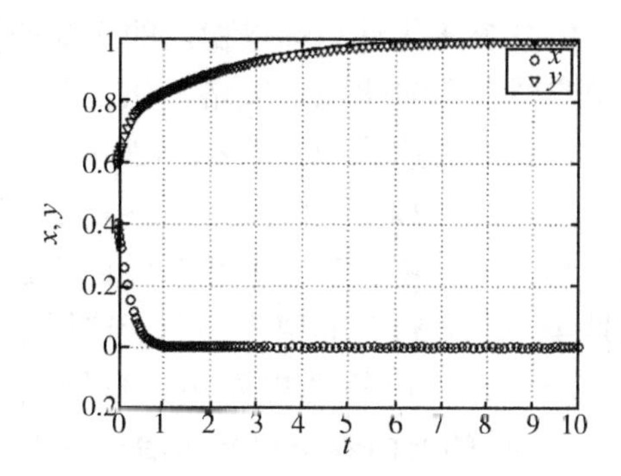

情景2：$Ve=4$，$Fe=4$，$Cg=9$，$Ce=5$，$We=2$，$Le=2$，$\lambda_1=0.5$，$\lambda_2=0.3$

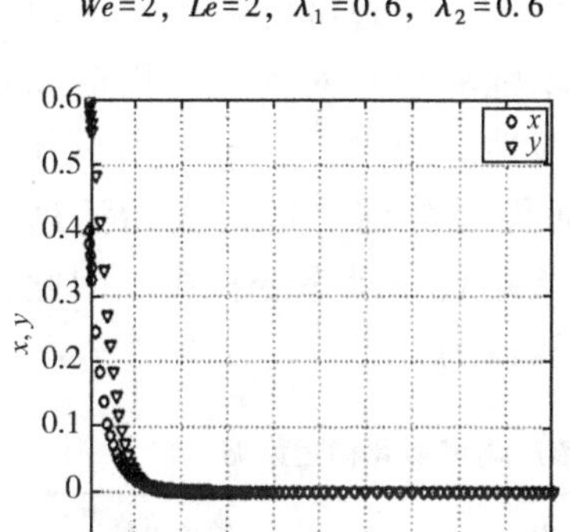

情景3：$Ve=2$，$Fe=2$，$Cg=9$，$Ce=7$，$We=1$，$Le=1$，$\lambda_1=0.5$，$\lambda_2=0.1$

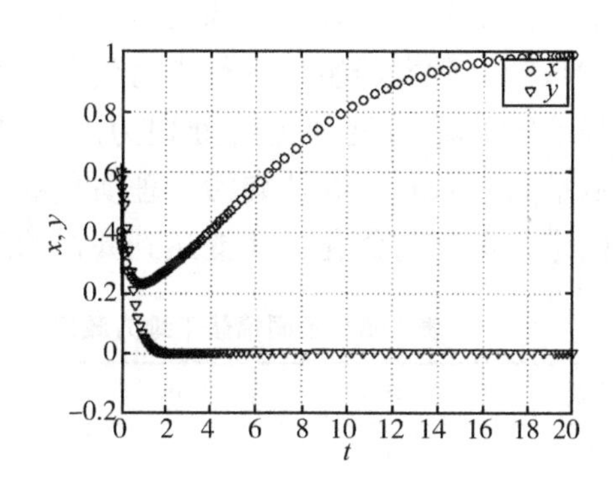

情景4：$Ve=1$，$Fe=3$，$Cg=9$，$Ce=7$，$We=1$，$Le=1$，$\lambda_1=0.7$，$\lambda_2=0.1$

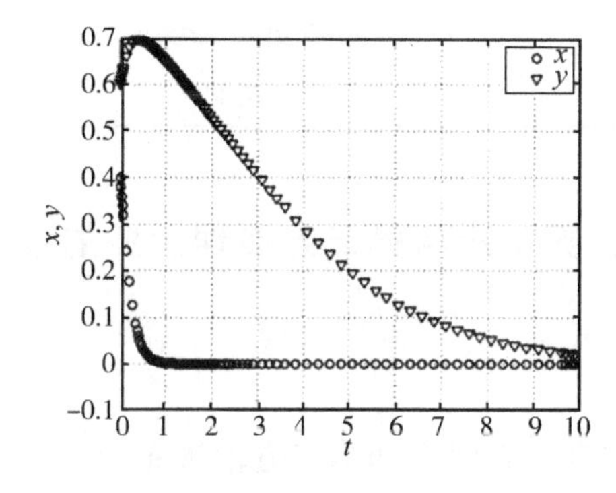

情景5：$Ve=4$，$Fe=4$，$Cg=9$，$Ce=5$，$We=2$，$Le=1$，$\lambda_1=0.5$，$\lambda_2=0.3$

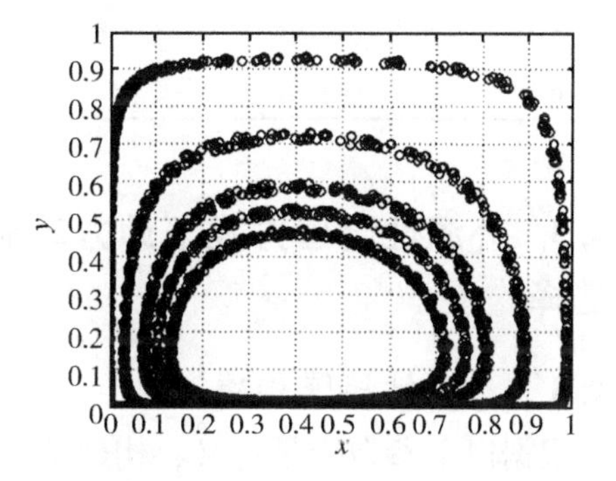

情景6：$Ve=4$，$Fe=4$，$Cg=7$，$Ce=8$，$We=2$，$Le=2$，$\lambda_1=0.6$，$\lambda_2=0.1$

图3-7　地方政府与养殖户动态演化图

由系统演化动态渐进稳定的充要条件，共有6种不同情形下地方政府与养殖户博弈的演化稳定策略，如表3-5所示。

行列式表达式中，令 $\eta_1 = F_e - (1 - \lambda_1) C_g$，$\eta_2 = (\lambda_2 - 1) C_e + W_e + L_e$，$\eta_3 = V_e + F_e + (\lambda_2 - 1) C_e + W_e + L_e$，演化稳定策略如表3-5所示。当 $\eta_2 > 0$ 时（情景1、情景2），养殖户倾向于选择治理策略，当 $\eta_2 < 0$ 时（情景3、情景4、情景5），养殖户倾向于选择不治理策略。从表3-5中可以看出，地方政府与养殖户的理想粪污治理策略是“不引导，治理”，该策略取决于 η_2。而 η_2 的值由养殖户粪污治理成本 C_e、粪污资源化利用和由环境改善产生的养殖额外收益 W_e、损害养殖环境对养殖户产生负收益 L_e、养殖户治理粪污的强度系数 λ_2 等因素决定。由 $\eta_2 > 0$ 可知，通过降低养殖户治理粪污的成本，实现或提升粪污资源化利用收益，增强养殖户对粪便污染造成养殖损失的认知，激发养殖户进行粪污治理的积极性。同时，由 $\eta_3 > 0$ 可知，通过加强政府补贴力度和监管处罚力度，进而促使养殖户进行粪污治理。但是，从情景6来看，养殖粪污治理演化稳定策略处于动态变化中。因此，需要不断进行调整与优化，才能达到粪污治理的目的。

表3-5 不同情景下地方政府与养殖户演化博弈稳定策略

情景	η_1	η_2	η_3	稳定策略
1	+	+	+	（不引导，治理）
2	-	+	+	（不引导，治理）
3	-	-	-	（不引导，不治理）
4	+	-	-	（引导，不治理）
5	-	-	+	（不引导，不治理）
6	+	-	+	无 ESS

3.4.3 外源性治理方式下地方政府、养殖户与第三方治理企业的策略选择

3.4.3.1 支付矩阵构建

根据以上参数变量定义，构建地方政府、养殖户和第三方治理企业三方关于粪污治理的博弈支付矩阵 G'（表3-6）。

表 3-6　三方主体演化博弈支付矩阵

G'			养殖户 E	
			参与治理 y	不参与治理 $1-y$
地方政府 G	引导 x	第三方治理企业 H 处理 z	$V_g - C_g - W_h - V_e$, $S_h - C_h + W_h$, $S_e + W_e - C_e + V_e$	$-C_g - W_h - P_g$, $S_h - C_h + W_h - k_e b_e$, $S_e - (1 - k_e) b_e$
		不处理 $1-z$	$P_h - C_g - P_g - V_e - R_e$, $S_h + V_h - P_h - k_h b_h$, $S_e + W_e - C_e + V_e +$ $R_e - (1 - k_h) b_h$	$P_h - C_g - P_g$, $S_h + V_h - P_h - k_h b_h - k_e b_e$, $S_e - (1 - k_h) b_h - (1 - k_e) b_e$
	不引导 $1-x$	第三方治理企业 H 处理 z	V_g , $S_h - C_h$, $S_e + W_e - C_e$	$-P_g$, $S_h - C_h - k_e b_e$, $S_e - (1 - k_e) b_e$
		不处理 $1-z$	$P_h - P_g - R_e$, $S_h + V_h - P_h - k_h b_h$, $S_e + W_e + R_e - C_e - (1 - k_h) b_h$	$-P_g$, $S_h + V_h - k_h b_h - k_g b_g$, $S_e - (1 - k_h) b_h - (1 - k_e) b_e$

3.4.3.2　演化博弈模型建立

首先，构建地方政府群体的复制动态方程。地方政府选择“引导”与“不引导”的期望收益与总体平均期望收益分别为 μ_{11} 、μ_{12}、$\bar{\mu}_1$ 。

$$\mu_{11} = yz((V_g - C_g - W_h - V_e) + z(1 - y)(-C_g - W_h - P_g) + (1 - z)y(P_h - C_g - P_g - V_e - R_e) + (1 - z)(1 - y)(P_h - C_g - P_g)$$

$$\mu_{12} = yzV_g + z(1 - y)(-P_g) + (1 - z)y(P_h - P_g - R_e) + (1 - z)(1 - y)(-P_g)$$

$$\bar{\mu}_1 = x\mu_{11} + (1 - x)\mu_{12}$$

依据 Malthusian 方程，地方政府策略的复制动态方程如下：

$$F(x) = \frac{dx}{dt} = x(\mu_{11} - \bar{\mu}_1) = x(1 - x)(\mu_{11} - \mu_{12})$$
$$= x(1 - x)[z(-W_h - P_h) + y(-V_e - P_h) + yzP_h + P_h - C_g]$$

公式（3-3）

同理，构建养殖户和第三方治理企业群体的复制动态方程。并由三个群体的复制动态方程构建地方政府、养殖户和第三方治理企业协同治理的三维复制动态系统方程式：

$$\begin{cases} F(x)=\dfrac{dx}{dt}=x(1-x)[z(-W_h-P_h)+y(-V_e-P_h)+yzP_h+P_h-C_g] \\ F(y)=\dfrac{dy}{dt}=y(1-y)[xV_e-zR_e+W_e+R_e-C_e+(1-k_e)b_e] \\ F(z)=\dfrac{dz}{dt}=z(1-z)[x(W_h+P_h)+yP_h-xyP_h-C_h-V_h+k_hb_h] \end{cases}$$

公式（3-4）

3.4.3.3 地方政府、养殖户与第三方治理企业策略系统的演化均衡分析

令式（3-4）中的 $\frac{dx}{dt}=0$，$\frac{dy}{dt}=0$，$\frac{dz}{dt}=0$，通过方程式求解，可得到 14 个复制动态平衡点。其中，存在 8 个三种群采纳纯策略的复制动态平衡点，分别为 E_1（0，0，0）、E_2（0，1，0）、E_3（0，0，1）、E_4（1，0，0）、E_5（1，1，0）、E_6（1，0，1）、E_7（0，1，1）、E_8（1，1，1）；存在 5 个单种群采纳纯策略的复制动态平衡点，分别为 E_9（0，$\frac{W_e+R_e-C_e+(1-k_e)b_e}{R_e}$，$\frac{C_h+V_h-k_hb_h}{P_h}$）、$E_{10}$（$\frac{C_e-W_e-R_e-(1-k_e)b_e}{V_e}$，0，$\frac{P_h-C_g}{V_e+P_h}$）、$E_{11}$（$\frac{C_h+V_h-k_hb_h}{W_h+P_h}$，$\frac{P_h-C_g}{W_h+P_h}$，0）、$E_{12}$（$\frac{C_e-W_e-(1-k_e)b_e}{V_e}$，1，$\frac{-W_h-C_g}{V_e}$）、$E_{13}$（$\frac{C_h+V_h-P_h-k_hb_h}{W_h}$，$\frac{V_e-C_g}{W_h}$，1）；还存在 1 个混合策略复制动态平衡点 E_{14}（x^*，z^*，y^*），且 x^*，y^*，$z^*\in(0,1)$。根据假设条件，x、y、z 取值为［0，1］，可知以上平衡点中 E_{12} 和 E_{13} 没有意义。

根据李雅普诺夫稳定性条件[106]，特征值均小于 0，结合系统平衡点求取矩阵特征根（表 3-7），并运用特征根的方法对策略的渐进稳定性进行分析。

表 3-7 三方博弈的系统平衡点及其特征值

平衡点	特征值			渐进稳定性
	λ_1	λ_2	λ_3	
E_1（0，0，0）	P_h-C_g	$-C_h-V_h+k_hb_h$	$W_e+R_e-C_e+(1-k_e)b_e$	条件①
E_2（0，1，0）	$-W_h-C_g$	$-(-C_h-V_h+k_hb_h)$	$W_e-C_e+(1-k_e)b_e$	条件②

（续表）

平衡点	特征值			渐进稳定性
	λ_1	λ_2	λ_3	
E_3 (0, 0, 1)	$-V_e-C_g$	$P_h-C_h-V_h+k_hb_h$	$-[W_e+R_e-C_e+(1-k_e)b_e]$	条件③
E_4 (1, 0, 0)	$-(P_h-C_g)$	$W_h+P_h-C_h-V_h+k_hb_h$	$V_e+W_e+R_e-C_e+(1-k_e)b_e$	条件④
E_5 (1, 1, 0)	W_h+C_g	$-(W_h+P_h-C_h-k_hb_h)$	$V_e+W_e-C_e+(1-k_e)b_e$	不稳定
E_6 (1, 0, 1)	V_e+C_g	$W_h+P_h-C_h-V_h+k_hb_h$	$-[V_e+W_e+R_e-C_e+(1-k_e)b_e]$	不稳定
E_7 (0, 1, 1)	$-W_h-V_e-C_g$	$-(P_h-C_h-V_h+k_hb_h)$	$-[W_e-C_e+(1-k_e)b_e]$	条件⑤
E_8 (1, 1, 1)	$W_h+V_e+C_g$	$-(W_h+P_h-C_h-V_h+k_hb_h)$	$-[V_e+W_e-C_e+(1-k_e)b_e]$	不稳定
E_9	θ_1	0	0	不稳定
E_{10}	0	θ_2	0	不稳定
E_{11}	0	0	θ_3	不稳定
E_{14}	θ_1^*	θ_2^*	θ_3^*	条件⑥

注：条件①至条件⑥满足各平衡点对应特征值均小于零。

3.4.3.4　三方主体参与治理的演化策略分析

依据上述演化模型的平衡点及其渐进稳定性条件，可以看出在生猪养殖粪污治理行动中地方政府、养殖户和第三方治理企业在不同情景下的演化稳定策略。结合表 3-6 可知，在满足渐进稳定性的条件下，平衡点 E_7（0，1，1）对应的策略（不引导、参与治理、处理）是较为理想的粪污治理策略选择，即政府不引导、养殖户参与治理、第三方治理企业处理。此时，需满足条件⑤，即 $-W_h-V_e-C_g<0$，$-(P_h-C_h-V_h+k_hb_h)<0$，$-[W_e-C_e+(1-k_e)b_e]<0$，由第一个不等式可知：要求地方政府加大粪污治理资金投入，加大对第三方治理企业和养殖户参与粪污治理的奖励；由第二个不等式可知：在增加对第三方治理企业不处理粪污的罚款及其产生的负收益的同时，降低企业处理粪污的资金投入和不处理粪污的额外收益，能够督促第三方积极参与治理；由第三个不等式可知：从养殖户角度出发，提高养殖户参与粪污治理改善环境从而获得的养殖额外收益以及养殖户不参与治理产生的负收益，减少养殖户的粪污治理成本投入，能够激发养殖户治理粪污的积极性。

3.4.4 结论与讨论

（1）内部化治理方式，地方政府与养殖户双方主体理想策略是“不引导，治理”。而满足该策略的条件是通过降低养殖户治理粪污的成本，实现或提升粪污治理收益，增强养殖户对粪便污染造成养殖损失的认知，同时，通过加大政府补贴力度和监管处罚力度，进而促使养殖户进行粪污治理。从长期来看，养殖粪污治理演化稳定策略处于动态变化中，策略稳定均衡点主要取决于两类群体的初始状态及双方策略选择的协作程度，由此，需要不断进行调整与优化，才能达到粪污防控的目的。

（2）外源性治理方式，地方政府、养殖户、第三方治理企业三方主体的理想策略是“不引导，参与治理，处理”。从长期来看，生猪规模养殖治理策略是执行成本、治理收益、参与力度、经济制裁及奖补措施等多因素共同作用的结果。地方政府在策略初期需要增加粪污治理经费投入，加大对第三方治理企业和养殖户参与治理的补贴奖励力度；第三方治理企业采取“处理”策略，需要尽量降低成本，加强对第三方治理企业不处理粪污时的监管处罚力度；养殖户采取“参与治理”策略，需要在降低其参与治理成本费用的同时，增强养殖户对粪污处理带来额外收益和粪便污染造成额外损失的认知。

3.5 研究对象区域生猪养殖及粪污治理概况

依据上述研究中关于粪污治理方式的类型与差异性，结合研究对象区域的粪污治理情况，从微观层面出发对相关问题进行深入的分析。本研究选取吉林、辽宁两省作为研究对象区域，关于研究区域的选取在研究方案中进行了阐述。吉林、辽宁作为生猪养殖业发展的潜力增长区，为周边区域乃至全国的生猪产品供给提供保障，与之俱来的资源环境问题也不容小觑。粪污作为生猪养殖的副产物，若不能及时有效处理，将对农村生态环境造成损害。

3.5.1 区域生猪养殖概况

3.5.1.1 生猪养殖整体规模的发展变化

2002 年以来，吉林、辽宁两省的生猪出栏量不断扩大，除个别年份，如

2007 年前后由于蓝耳病疫情暴发，大量母猪存栏量下降，导致生猪出栏量急剧下降，2015 年和 2016 年主要是由于环保禁养等原因导致出栏量下降，但整体上呈现增长趋势。其中，吉林省生猪出栏量总体上呈波动增长的态势，占全国生猪出栏量比重在 2%左右，由 2002 年的 1.78%增加到 2017 年的 2.41%，呈现稳步增长；辽宁省生猪养殖与吉林省相比发展相对较快，生猪出栏量年增长率相对较为稳定，在全国生猪出栏量的占比呈增长趋稳态势。依据 2002 年以来生猪出栏量变化的总体情况可知，近 15 年调研区域生猪养殖总量不断扩大，养殖整体规模呈现大幅增长（表 3-8）。

表 3-8　调研区域 2002—2017 年生猪出栏量变化

年份	吉林省			辽宁省		
	出栏量（万头）	同比增长率（%）	占全国出栏比（%）	出栏量（万头）	同比增长率（%）	占全国出栏比（%）
2002	1 008.60	—	1.78	1 539.80	—	2.72
2003	1 127.08	11.75	1.90	1 712.80	0.11	2.89
2004	1 159.09	2.84	1.88	2 102.16	0.23	3.40
2005	1 272.38	9.77	2.11	2 301.86	0.09	3.81
2006	1 302.28	2.35	2.13	2 245.79	-0.02	3.67
2007	1 172.05	-10.00	2.07	2 265.44	0.01	4.00
2008	1 271.80	8.51	2.08	2 493.00	0.10	4.07
2009	1 374.82	8.10	2.12	2 597.00	0.04	4.00
2010	1 454.56	5.80	2.16	2 682.70	0.03	3.98
2011	1 480.20	1.76	2.21	2 652.10	-0.01	3.96
2012	1 625.26	9.80	2.30	2 728.50	0.03	3.86
2013	1 669.10	2.70	2.29	2 785.80	0.02	3.83
2014	1 721.10	3.12	2.30	2 839.40	0.02	3.79
2015	1 664.30	-3.30	2.30	2 675.70	-0.06	3.69
2016	1 619.30	-2.70	2.31	2 608.80	-0.03	3.72
2017	1 691.71	4.47	2.41	2 627.20	0.01	3.74

数据来源：《中国统计年鉴》。

3.5.1.2　生猪养殖户发展规模的数量变化

调研区域生猪养殖规模化日趋明显，表 3-9 表明，吉林、辽宁两省年出栏 1~49 头的养殖户数量呈大幅度下降趋势，出栏 500~2 999头的养殖户数量总体上呈增长趋势，并且在辽宁省表现相对较为明显，而出栏在 3 000头以上的养殖户数量增幅较大。其中，在 2015 年前后呈现下滑趋势，主要原因可能是受环境管制和市场价格波动等因素的影响，部分养殖户被迫退出养殖。但也可以看出，整体上出栏量大的养殖户数量呈现增长趋势，更说明调研区域生猪养殖户规模化养殖趋势明显。

表 3-9　调研区域生猪养殖户数量变化

年份	吉林省（户）				辽宁省（户）			
	1~49 头	50~499 头	500~2 999 头	3 000 头以上	1~49 头	50~499 头	500~2 999 头	3 000 头以上
2007	1 739 109	78 477	3 445	226	1 346 920	94 490	4 304	218
2008	862 661	88 553	5 721	310	1 169 405	117 453	4 568	391
2009	774 972	100 298	7 817	559	1 142 498	110 533	6 089	562
2010	764 044	109 368	9 523	678	1 132 408	95 395	6 872	780
2011	721 675	114 728	11 169	757	999 754	110 503	8 374	885
2012	616 971	94 637	8 405	565	933 839	112 659	9 317	870
2013	621 067	94 279	8 438	587	980 399	117 234	10 076	714
2014	605 249	95 305	8 494	661	935 610	107 981	10 367	748
2015	547 117	90 006	8 659	635	819 998	101 676	10 572	777
2016	492 561	76 202	9 047	665	577 675	66 528	8 696	755

注：数据来源于《中国畜牧兽医年鉴》，表中数据为年出栏范围对应的养殖户数量。

3.5.2　调查方案与样本

前文主要从宏观层面对生猪养殖业发展过程中存在的粪污治理问题进行阐述。养殖户作为粪污治理的基本决策单位，通过对养殖户粪污治理相关问题进行研究能够更为准确地反映在生猪养殖过程中粪污治理的现状。基于此，本节在吉林、辽宁两省生猪规模养殖户调研数据的基础上，从微观层面对研究区域生猪规模养殖粪污治理的现状及特征进行分析。

3.5.2.1　研究对象选取——生猪规模养殖户

生猪规模养殖户是我国生猪养殖的主体力量，主要是以家庭为单位，利用自有资源发展生猪养殖的经营主体。在养殖规模上，生猪养殖户一般规模小于生猪养殖企业，例如牧原股份、温氏集团等，但由于养殖户在生猪生产中的基础性地位以及庞大的数量，其在保障猪肉产品供应方面发挥着重要作用。相关资料显示，2018 年我国发生非洲猪瘟疫情并在全国范围蔓延，导致大量养殖户生猪存栏量下滑，造成猪肉市场供给量不足等问题，同时也对养殖户带来巨大的经济损失，反映规模养殖户在生猪生产中发挥着不可替代的作用，特别是在稳定生猪市场、促进经济社会有序发展等方面具有积极作用。基于此，探讨生猪规模养殖户粪污治理问题对于推动我国生猪养殖业可持续发展具有重要的价值。

3.5.2.2　调研方案与样本基本特征

(1) 调研方案设计。结合"南猪北移"的发展趋势，东北地区作为生猪养殖潜力增长区，粪污处理问题也将成为生猪养殖业可持续发展的关键，综合考虑调研实施可行性的限制及数据资料的可获得性，选择吉林、辽宁两省作为本研究的研究区域，并于2017年9月至2018年1月在吉林、辽宁两省的生猪调出大县[12]开展实地问卷调查。调研区域范围涉及吉林省4市（吉林市、四平市、长春市、松原市）11县市（蛟河市、磐石市、舒兰市、公主岭市、梨树县、双辽市、德惠市、九台市、农安县、榆树市、扶余市），辽宁省5市（朝阳市、阜新市、锦州市、沈阳市、铁岭市）14县市（北票市、朝阳县、彰武县、阜新蒙古族自治县、北镇市、黑山县、义县、凌海市、法库县、康平县、辽中区、新民市、铁岭县、昌图县），调研区域分布于吉林省中部和偏西北方位及辽宁省西北部，基本连成一片。

调查对象为生猪规模养殖户，由于养殖户布局较为分散，且受疫病防控以及养殖户受访便利条件等因素的制约，通过随机抽样获得的样本养殖户很可能出现拒绝受访或者不能到指定地点受访，调查样本较难做到完全随机抽样，因此，调查采用实地调研与集中调研相结合的方式，并由当地畜牧业相关负责人协助进行。调研成员由博士生和硕士生组成，调研员与养殖户主进行一对一、面对面的问卷访谈。

调研问卷内容主要涉及以下几个方面：一是基本信息，①养殖户个体特征，主要涵盖年龄、文化程度、养殖年限；②生产经营特征，主要涵盖养殖规模、猪场与村庄距离、粪污消纳地面积、养殖净收益等，其中，粪污消纳地面积以养殖户经营的农田面积来衡量，包括通过土地流转、租赁等形式获得使用权的农田。二是粪污治理状况，主要包括产前预防、过程控制、末端处理等环节。三是粪便污染及粪污治理认知、政府行为与政策认知等，主要涵盖：①行为态度，包括周围环境污染认知、对猪生长影响认知、对人体健

---

[12] 参照《财政部关于拨付2017年生猪（牛羊）调出大县奖励资金的通知》中生猪调出大县名单。

康影响认知；②主观规范，周边群众舆论；③感知行为控制，包括粪污处理技术、粪污处理经济条件、粪污处理容易度等方面的感知；④引导性规制，包括粪污治理宣传、粪污处理相关培训等；⑤环境规制，包括以政府补贴为代表的经济激励型环境规制和以政府监管为代表的命令控制型环境规制；⑥粪污治理意愿与行为，包括养殖户治理的意愿与行为、对第三方治理的参与意愿和支付意愿等。四是养殖户内部化粪污的成本与收益状况等。

（2）样本基本特征。调研共获得 1 200份问卷，剔除缺失和极端数据的无效问卷之后，得到有效问卷 1 124份，问卷有效率达 93.7%。其中，吉林省和辽宁省分别获得有效样本 522 份和 602 份，分别占样本量的 46.44%和 53.56%。小、中、大规模样本量分别为 251 份、759 份、114 份，分别占总样本的 22.33%、67.53%和 10.14%。样本基本信息如表 3-10 所示。

表 3-10　样本的基本信息

类型	选项	小规模		中规模		大规模		总样本	
		样本数	比例（%）	样本数	比例（%）	样本数	比例（%）	样本数	比例（%）
地区	吉林省	69	27.49	395	52.04	58	50.88	522	46.44
	辽宁省	182	72.51	364	47.96	56	49.12	602	53.56
年龄（岁）	30 及以下	9	3.59	27	3.56	9	7.89	45	4.00
	31~40	40	15.94	175	23.06	25	21.93	240	21.35
	41~50	125	49.80	348	45.85	41	35.96	514	45.73
	51~60	63	25.10	171	22.53	29	25.44	266	23.67
	60 以上	14	5.58	38	5.01	10	8.77	59	5.25
文化程度	高中以下	221	88.05	605	79.71	57	50.00	883	78.56
	高中及以上	30	11.95	154	20.29	57	50.00	241	21.44
养殖年限（年）	10 及以下	91	36.25	253	33.33	50	43.86	394	35.05
	11~20	115	45.82	366	48.22	46	40.35	527	46.89
	20 以上	45	17.93	140	18.45	18	15.79	203	18.06
养殖规模	小规模							251	22.33
	中规模							759	67.53
	大规模							114	10.14
猪场距离村庄（m）	500 以下	230	91.63	555	73.12	20	17.54	805	71.62
	500 及以上	21	8.37	204	26.88	94	82.46	319	28.38

从总样本看，①被调查养殖户主涵盖不同的年龄结构，31～60 岁年龄段居多，其中较为集中于 41～50 岁，占总样本的 45.73%，分布在 31～40 岁和 51～60 岁的养殖户数量大致相当，分别占总样本的 21.35%和 23.67%；30 岁及以下的和 60 岁以上的养殖户分别占总样本的 4%和 5.25%；从不同规模角度看，养殖户主的年龄结构也有所差异，其中，小规模、中规模和大规模养殖户多集中在 41～50 岁，分别占 49.8%、45.85%和 35.96%，而 30 岁及以下和 60 岁以上这两个年龄段占比较低。②从文化程度来看，养殖户主的文化程度整体普遍偏低，具有高中及以上学历的仅占 21.44%；从不同规模角度看，小规模养殖户和中规模养殖户文化程度多为高中以下，大规模养殖户文化程度相对较高，具有高中及以上文化程度的养殖户占 50%。③从养殖年限看，具有 11～20 年养殖年限的规模养殖户占 46.89%，10 年以下的占 35.05%，均高于具有 20 年以上的所占的比例（18.06%）。从不同规模角度看，小规模和中规模养殖户的养殖年限集中在 11～20 年，分别占 45.82%和 48.22%；大规模养殖户的养殖年限以 10 年及以下和 11～20 年为主，分别占 43.86%和 40.35%，在 20 年以上的偏少，仅占 15.79%。④从养殖规模看，中规模养猪户占比最高，占总样本量的 67.53%，均高于小规模和大规模养猪户所占比重，在一定程度上表明吉林和辽宁两省的中规模养猪户已经成为生猪养殖业的中坚力量。⑤从猪场与村庄距离看，距离村庄 500m 以上的规模养猪户仅占 28.38%，仍有 71.62%的规模养猪户距离村庄 500m 以内。从不同规模角度看，距离村庄 500m 以内的主要以中规模和小规模养殖户为主，分别占 73.12%和 91.63%。

3.5.3　调查样本粪污治理现状分析

关于生猪养殖粪污治理，除了在宏观层面对生猪生产进行合理布局实现土地资源承载，更多的是基于微观主体的养殖户层面从粪污产生到粪污处理各环节进行防控。因此，结合生猪养殖粪污产生与处理的基本流程，利用调研数据和资料，分别从产前预防、过程控制和末端处理等几方面，从微观层面对调研区域养殖户的粪污治理现状进行分析。

3.5.3.1　*产前预防*

粪污产生前的有效防控不仅能够避免或减轻养殖过程中对环境造成的污染，而且能够在一定程度上降低粪污治理难度，从而提高粪污治理效率。通过分析猪场的场址分布、是否配备粪污处理基础设施、是否匹配足够的农田消纳粪污、是否由于粪污处理问题进行过改建或搬迁等来反映养殖户对粪污产前防控的情况，具体如下。

（1）猪场的场址分布。若养殖户不进行粪污处理或者处理不达标造成环境污染直接影响到周边居民生活和地表水体。一般情况下，猪场距离村庄或地表水体越近，对居民生活和水体的负面影响越大，反之则越小。表 3-11 中为不同规模养殖户经营的猪场与村庄、主干路及河流在不同距离范围的统计结果。

从表 3-11 中可以看出，总体上占 71.62%的养殖户经营的猪场距离村庄 500m 以内，其中，以小规模和中规模为主，分别占 28.57%和 68.94%，调研访谈过程中发现，这部分养殖户在猪场建设初期大多距离村庄相对较远，但随着村庄边界不断外延，猪场与村庄距离逐渐变相缩短。而大规模养殖场与村庄距离相对较为合理，仅占 2.48%的猪场与村庄距离在 500m 以内。从猪场与最近河流的距离来看，大多数养殖户猪场距离河流在 1 000m以外，占 79%；而与河流距离 500m 以内的猪场以中规模为主，占 71.32%；其次是小规模，占 25.74%，而大规模仅占 2.94%，同时，可以看出，随着距离的增加，大规模养殖户的占比逐渐增大。从猪场与主干路距离来看，60%以上的养殖户距离主干路 500m 以上。其中距离 1 000m以上的养殖户占 42.97%；距离 500~1 000m的养殖户占 18.77%；而距离 500m 以内的养殖户以小规模和中规模为主，分别占 27.44%和 67.44%；同时可以看出，随着距离的缩短，大规模养殖户的比重也逐渐减少。

表 3-11　调研区域养殖户猪场分布状况

类别			小规模	中规模	大规模	总计
距离村庄	500m 以内	样本量（个）	230	555	20	805
		占比（%）	28.57	68.94	2.48	71.62
	500~1 000m	样本量（个）	18	125	55	198
		占比（%）	9.09	63.13	27.78	17.62
	1 000m 以上	样本量（个）	3	79	39	121
		占比（%）	2.48	65.29	32.23	10.77

（续表）

类别			小规模	中规模	大规模	总计
距离最近河流	500m以内	样本量（个）	35	97	4	136
		占比（%）	25.74	71.32	2.94	12.10
	500~1 000m	样本量（个）	31	62	7	100
		占比（%）	31.00	62.00	7.00	8.90
	1 000m以上	样本量（个）	185	600	103	888
		占比（%）	20.83	67.57	11.60	79.00
距离主干路	500m以内	样本量（个）	118	290	22	430
		占比（%）	27.44	67.44	5.12	38.26
	500~1 000m	样本量（个）	54	132	25	211
		占比（%）	25.59	62.56	11.85	18.77
	1 000m以上	样本量（个）	79	337	67	483
		占比（%）	16.36	69.77	13.87	42.97

通过上述对调研区域养殖户猪场分布状况进行统计对比分析可知，调研区域仍有较多养殖户的猪场分布在距离村庄500m以内，且以中规模和小规模养殖户为主，而在距离河流和主干路500m以内的养殖户相对较少，但是仍然以中规模和小规模养殖户为主。总体来看，中规模和小规模养殖户猪场对周边农村居民生活环境和附近地表水体造成的影响或破坏的风险更大。

（2）粪污处理基础设施。首先，粪污存储设施。生猪养殖粪污没有存储设施进行存放，粪便污水四处横流，对周围环境造成严重影响。因此，是否配备粪污存储设施在一定程度上表征养殖户生产前粪便污染预防的重要环节。表3-12显示养殖户经营猪场的粪污处理基础设施情况。

表3-12　养殖户猪场粪污处理基础设施情况

类别			小规模	中规模	大规模	总计
是否配备粪污存储设施	是	样本量（个）	70	412	84	566
		占比（%）	12.37	72.79	14.84	50.36
	否	样本量（个）	181	347	30	558
		占比（%）	32.44	62.19	5.38	49.64

（续表）

类别			小规模	中规模	大规模	总计
是否进行雨污分离	是	样本量（个）	50	314	84	448
		占比（%）	11.16	70.09	18.75	39.86
	否	样本量（个）	201	445	30	676
		占比（%）	29.73	65.83	4.44	60.14

结果显示，配备粪污存储设施的规模养殖户仅占50.36%，仍有近一半的规模养殖户未配备全套粪污处理设施；约40%的养殖户进行了雨污分离。整体上，调研区域粪污存储设施配备率不高，并且缺乏雨污分离措施。从不同规模来看，没有配备粪污存储设施的养殖户以小规模和中规模养殖户为主，分别在未配备设施养殖户中占32.44%和62.19%，而大规模养殖户仅占5.38%，粪污存储设施配备率相对较高。其次，雨污分离措施在中规模和小规模养殖户中采用率相对较低。调研中发现，原因主要有两方面：一是规模相对较小的养殖户产生的粪污量相对较少，养殖户通过增加清理次数来处理圈舍的粪污；二是规模较小的养殖户存在资金匮乏、环境意识相对较低以及受设施建设用地紧张等制约。

由此可见，不同规模养殖户的粪污存储设施配备率从高到低依次是大规模、中规模、小规模，同时，大规模养殖户在粪便污染防治过程中采用雨污分离措施的比例明显高于未采用雨污分离措施的比例，而中小规模较少采用雨污分离措施。整体来看，生猪规模养殖粪污治理在粪污产前预防的基础设施配备和相关雨污分离措施不完善，尤其是在中规模和小规模养殖户中表现较为明显。

（3）粪污消纳。养殖户是否配有粪污消纳地对生猪养殖产生的粪便和污水进行消纳，是表征养殖户产前预防中为粪污处理寻找出路的重要内容之一。然而，粪污能否完全消纳对其治理成本、治理效果和最终环境污染程度具有较大影响。表3-13统计结果显示了养殖户的粪污消纳情况。从表3-13中数据来看，近60%的养殖户认为经营的农田能够完全消纳猪场产生的粪污，且在小规模和中规模养殖户中表现相对较为明显，而仍有约40%的养殖户认为经营的农田不能完全消纳猪场产生的粪污，尤其是对于中规模养殖户表现较为突出，其次在大规模养殖户中表现也较为明显，这一现象与我国现行的土地流转制度密切相关。虽然种养结合是解决粪污消纳、实现粪污治理的主要方式和路径，但仍有部分养殖户养殖规模与粪污消纳地面积不匹配、种养结合不紧密，增加粪污治理的难度，增大了养殖污染产生的潜在风险，而对于认识到粪便是“放错位置的资源”的养殖户或者对环境意识较高的养殖户来说，一般会通过土地流转的形式获得农田的经营权，通过种养结合解决养殖粪污消纳难的问题。从表3-13中统计数据来看，总体样本中，32.38%的养殖户通过土地流转的形式获得农田进行粪污消纳。对比不同规模养殖户流转农田和未流转农田的占比情况可以看出，通过流转农田进行粪污消纳的形式对于中规模养殖户表现较为明显。

表3-13 养殖粪污消纳情况

类别			小规模	中规模	大规模	总计
农田能否完全消纳	能	样本量（个）	172	451	44	667
		占比（%）	25.79	67.62	6.60	59.34
	不能	样本量（个）	79	308	70	457
		占比（%）	17.29	67.40	15.31	40.66
是否有流转入农田	是	样本量（个）	77	248	39	364
		占比（%）	21.15	68.13	10.72	32.38
	否	样本量（个）	174	511	75	760
		占比（%）	22.89	67.24	9.87	67.62

3.5.3.2 过程控制

粪污治理的过程控制是在生猪养殖过程中采取一些手段或措施减少粪污产生量，并通过对粪污处理设施的改建与完善减轻或避免环境污染，一方面有利于伴随粪污产量下降带来粪污治理成本的降低，另一方面避免或降低由于粪便污染环境带来的外部性及由此产生的环境污染治理高额成本。生猪养殖过程中产生的粪便和污水是养殖产生的主要废弃物，且污水逐渐成为粪污治理的棘手问题，污水产量一方面通过产前雨污分离等措施控制，另一方面与产中清粪方式选择有直接关系。此外，随着生猪养殖户的养殖年限增加或养殖规模扩大，粪污处理基础设施破旧老化、粪污存储设施体积与养殖规模不配套等问题逐渐显露，因此需要对粪污处理设施进行及时的改建或搬迁来控制生猪养殖粪污产生过程中对环境造成的污染。下面以清粪工艺和粪污处理设施改进与搬迁情况为例对过程控制进行简要分析。

（1）清粪工艺。生猪规模养殖户猪场的清粪工艺主要以干清粪、水冲粪和水泡粪为主。其中，干清粪工艺主要是粪便产生后分流，干粪由机械或人工收集运输到指定堆粪地点，尿和污水通过排水道流入污水池，实现干粪和污水的分离，不仅可以简化粪污处理工艺和设备，还可以减少清理粪污的用水量。水冲粪和水泡粪工艺虽然能够在一定程度上提高圈舍粪污清理效率，但是在清理过程中增加了用水量，对后续的污水处理带来了较大困难，必将增加粪污处理的成本，此外，还容易造成粪便中营养成分的大量损失[164]。

表 3-14 统计结果显示了养殖户采用清粪方式的情况。总体来看，大部分养殖户采用的清粪方式是干清粪，占 82.21%，而采用水冲粪和水泡粪清粪方式的分别占 7.74%和 9.7%，此外，调研样本中还有极少数养殖户通过发酵床养殖方式处理，产生的粪便通过氧化发酵以及菌群的生化反应完成分解，由于采用该工艺的养殖户较少，文中不做详细分析。从不同规模角度看，采用三种清粪工艺的不同规模养殖户占比从高到低依次为中规模、小规模、大规模，其中，采用水泡粪和水冲粪工艺的不同规模养殖户均相对较少。调研中发现，采用水泡粪和水冲粪的大部分养殖户一方面是由于劳动力不足，另一方面是出于猪场建设之初设计的原因。

表 3-14　养殖户清粪工艺情况

类别		小规模	中规模	大规模	总计
干清	样本量（个）	198	645	81	924
	占比（%）	21.43	69.81	8.77	82.21
水冲	样本量（个）	21	54	12	87
	占比（%）	24.14	62.07	13.79	7.74
水泡	样本量（个）	32	57	20	109
	占比（%）	29.36	52.29	18.35	9.70
其他	样本量（个）	0	3	1	4
	占比（%）	0.00	75.00	25.00	0.36

注：“其他”主要是指发酵床养殖，粪便通过生化反应完成分解。

（2）粪污处理基础设施完善情况。粪污处理基础设施是否完善直接关系到养殖户的粪污处理效果，调研发现大多数养殖户从事生猪养殖业都在 10 年以上，部分养殖户猪场随着养殖时间增长，粪污处理基础设施陈旧损坏，或者随着养殖规模扩大，粪污处理基础设施与养殖规模不匹配，以及部分养殖户猪场建设之初并不重视粪污治理而缺乏基础设施等。而养殖户猪场是否因粪污处理问题进行改建或搬迁能够在一定程度上反映养殖户是否具有粪污处理行为或环境保护意识。表3-15统计结果显示了养殖户猪场粪污处理基础设施改建或搬迁情况。总体来看，约25%的养殖户的猪场因粪污处理问题进行了改建或搬迁，而未进行改建或搬迁的养殖户中一部分猪场已经配备有相应的粪污处理设施，其他部分猪场因资金缺乏、环境意识较低等问题没有做出相应的改善。从不同规模角度看，与没有进行改建或搬迁的养殖户相比，大规模养殖户中进行改建的数量最大，进行过改建的有53家，而没有进行改建的有61家；其次是中规模养殖户，进行过改建的有203家，而没有进行改建的有556家；改建数量最少的是小规模养殖户，进行过改建的有28家，而没有进行改建的有223家。

表3-15 养殖户猪场粪污处理基础设施改建或搬迁情况

类别			小规模	中规模	大规模	总计
是否进行改建或搬迁	是	样本量（个）	28	203	53	284
		占比（%）	9.86	71.48	18.66	25.27
	否	样本量（个）	223	556	61	840
		占比（%）	26.55	66.19	7.26	74.73

3.5.3.3 末端处理

粪污产生后对其进行有效处理是粪污治理的最后关键环节，若粪污能够通过合理处置实现其资源化利用，就能够避免或减轻生猪养殖对环境的污染。因此，粪污末端处理直接关系到养殖污染程度。

（1）猪粪处理。调研区域养殖户对猪粪的主要处理方式有堆沤还田、制沼气、出售、送人和废弃等几种情况，调研中了解到一个养殖户处理猪粪可能同时存在多种方式，如堆沤还田、制沼气、出售等同时出现。表3-16统计结果显示了养殖户猪粪处理方式的概况。总的来看，养殖户的猪粪处理方式以堆沤还田为主，占83.72%；送人、出售、制沼气分别占26.33%、19.93%、4.54%；选择废弃的占比最少，仅占2.22%。其中，养殖户选择送人、出售、废弃的主要原因是没有农田或者经营农田较少无法消纳粪污，但整体上看调研区域养殖户对猪粪使用价值的认知相对较高。

从不同规模角度看，选择堆沤还田方式的养殖户以中规模为主，占67.16%；其次是小规模和大规模，分别占24.02%和8.82%。选择制沼气的养殖户以大规模为主，占60.78%。选择出售的样本量为224个，其中，中规模养殖户159个，占70.98%；而小规模和大规模均占30%左右。选择送人的 296 个样本中，中规模养殖户占 72.3%；小规模和大规模分别占 14.53%和 13.18%。

表 3-16　猪粪主要处理方式

类别		小规模	中规模	大规模	总计
堆沤还田	样本量（个）	226	632	83	941
	占比（%）	24.02	67.16	8.82	83.72
制沼气	样本量（个）	2	18	31	51
	占比（%）	3.92	35.29	60.78	4.54
出售	样本量（个）	31	159	34	224
	占比（%）	13.84	70.98	15.18	19.93
送人	样本量（个）	43	214	39	296
	占比（%）	14.53	72.30	13.18	26.33
废弃	样本量（个）	3	18	4	25
	占比（%）	12.00	72.00	16.00	2.22

注：由于养殖户对猪粪处理可能同时存在多种方式，因此不同处理方式占比总和大于 100%。

（2）污水处置。调研区域养殖户对污水的处置方式主要有沼气利用、污水池存放发酵还田利用、沉淀池净化等。总的来看，养殖户对污水的处理以污水池存放发酵还田利用为主，占 42.08%，选择沼气池利用的占 4.54%，选择沉淀池净化的较少，仅占 3.74%，调研中发现，沼气池利用比例低的原因主要是一方面资金投入较大，另一方面缺乏应用技术；而沉淀池利用比例低的原因主要是污水停留时间短、缓冲能力差，污水处理效果较难以达到排放标准。此外，仍有近一半的养殖户没有将污水进行有效处理，对周边环境存在较大的污染风险。

表 3-17　污水处置情况

类别		小规模	中规模	大规模	总计
沼气池	样本量（个）	2	18	31	51
	占比（%）	3.92	35.29	60.78	4.54
污水池	样本量（个）	65	364	44	473
	占比（%）	13.74	76.96	9.30	42.08
沉淀池	样本量（个）	3	30	9	42
	占比（%）	7.14	71.43	21.43	3.74

（续表）

类别		小规模	中规模	大规模	总计
直接排放	样本量（个）	181	347	30	558
	占比（%）	32.44	62.19	5.38	49.64

从不同规模角度看，选择沼气池利用的养殖户比例随着养殖规模扩大而增大，且主要以大规模为主；选择污水池利用和沉淀池净化的养殖户以中规模为主；而没有对污水进行有效处理的样本中主要以中小规模养殖户为主。养殖户对猪粪的处理情况相对较好，而污水处理相对较差，可见目前的生猪养殖粪污治理问题主要集中于污水处理方面。大多养殖户的猪粪通过种养结合的形式进行消纳，并且在中小规模养殖户中表现相对较为明显，对污水未经有效处理的养殖户仍占较大比例；虽然大多养殖户配建了粪污存储设施，并通过肥料化、能源化等方式对粪污进行处理利用，但仍有较多养殖户的粪污不能够通过自有农田完全消纳，即在实现内部化治理方面存在一定的困难，也增加了养殖户借助第三方进行治理的现实需求。

（3）粪污处理利用方式。规模养殖户粪污处理利用方式总的来看，大多养殖户以肥料化处理利用为主，占 89.4%；其次是能源化处理利用，占 9.01%；还有少数养殖户通过达标排放进行处理。随着养殖规模的扩大，选择能源化处理的养殖户有所增加，占比仍然不高，这可能是：一方面，沼气处理需要投入高额的成本，养殖户难以承受资金压力，在中小规模养殖户中表现尤为显著；另一方面，由于调研区域冬季气候寒冷，不利于粪污发酵，也是采用沼气处理利用比率较低的重要原因。而粪污经发酵后用作肥料还田是最经济、最普遍的办法，也较符合种植业需求的特征，并且在中小规模养殖户中表现较为明显。

表 3-18　不同规模养殖户粪污处理利用方式的选择特征

类别		小规模	中规模	大规模	总计
能源化处理	样本量（个）	2	18	31	51
	占比（%）	2.86	4.37	36.90	9.01
肥料化处理	样本量（个）	68	388	50	506
	占比（%）	97.14	94.17	59.52	89.40
达标排放	样本量（个）	0	6	3	9
	占比（%）	0.00	1.46	3.57	1.59

3.5.4 调查样本粪污治理的政策认知与意愿

3.5.4.1 粪污治理相关政策法规认知

为促进粪污有效治理，防治粪便污染，国家先后颁布了《畜禽养殖业污染物排放标准（GB 18596—2001）》《畜禽养殖业污染防治技术政策（环发〔2010〕151号）》《条例》等政策法规，截至调研开始，调研区域还未出台畜禽养殖污染防治办法等相关规范性文件，相关政策法规依据主要是上述国家出台的标准、规范和条例等。因此，在调研养殖户对粪污治理相关政策法规了解与否时，主要询问养殖户对以上政策法规等相关标准、规范的认知情况。

调研结果显示（表3-19），24.82%的养殖户了解粪污治理相关政策法规，仍有近75%的养殖户对相关政策并不了解，调研中通过访谈得知，大多养殖户都知道政府较为重视粪污治理，但对相关政策中的粪污治理标准、技术、要求和规范等并不知晓。在问及实施禁养限养是否与养殖污染有关时，占58.9%的养殖户认为有关，仍有约40%的养殖户认为两者没有关系或者不清楚，这可能与政府宣传引导不够深入有关。随着养殖规模的增大，养殖户对粪污治理相关政策的认知度越高，被调查的大、中、小规模养殖户中分别占49.12%、25.56%、11.55%的养殖户了解相关政策，但认知度普遍较低，尤其在中小规模养殖户中表现较为突出。关于禁养限养与养殖污染关系的认知，占82.46%的大规模养殖户认为两者有关，而小规模养殖户中仅占43.03%的养殖户认为两者有关。

3.5.4.2 环境规制

生猪养殖粪污治理问题主要体现在外部性和公共物品性方面，从理性经济人角度出发，在没有外部监管的情况下，养殖户没有粪污治理意愿或者意愿较弱，而环境规制作为养殖污染外部性和粪污治理动力不足的补充[165]，能够在一定程度促进养殖户采取粪污治理行为[133]。根据不同的分类标准，环境规制存在多种分类方式[166]。本研究主要从命令控制型环境规制和经济激励型环境规制两方面进行分析，具体表现为政府监管和政府补贴。具体如表3-19所示。

在政府监管方面，总体上，政府部门对养殖户经营猪场监管力度较大，占75.18%的养殖户受到监管；从不同规模角度来看，政府监管主要侧重于对中规模和大规模养殖户的监管，受监管的养殖户占80%以上，而对小规模养殖户的监管相对较弱，仅占54.18%。政府监管主要来自畜牧部门的粪污治理项目管理及监督检查等，有少数养殖户表示被要求限期整改。

在政府补贴方面，养殖户享受粪污治理相关补贴的普惠力度较低，仅14.59%的养殖户享受过政府补贴，并且以大规模养殖户为主（47.37%），而中规模和小规模养殖户中享受过补贴的分别仅占11.99%和7.57%。养殖户对政府补贴的渴望度较高，尤其是中小规模养殖户希望通过政府补贴等形式减轻粪污治理的成本压力。

表3-19　政策认知及环境规制情况

类别		小规模	中规模	大规模	总样本
了解粪污治理相关政策法规	样本数（个）	29	194	56	279
	占比（%）	11.55	25.56	49.12	24.82
认为禁养限养与养殖污染有关	样本数（个）	108	460	94	662
	占比（%）	43.03	60.61	82.46	58.90
受政府部门监管	样本数（个）	136	617	92	845
	占比（%）	54.18	81.29	80.70	75.18
享受过粪污治理相关补贴	样本数（个）	19	91	54	164
	占比（%）	7.57	11.99	47.37	14.59
粪污治理宣传	样本数（个）	93	489	81	663
	占比（%）	37.05	64.43	71.05	58.99
粪污处理相关培训	样本数（个）	41	302	75	418
	占比（%）	16.33	39.79	65.79	37.19

3.5.4.3　引导性措施

引导性措施是对环境规制的重要补充[41]，宣传培训等方式可以强化养殖户粪污治理的环保意识、责任意识及相关技术应用等。本研究从粪污治理宣传和粪污处理相关培训两个方面分析政府对养殖户进行粪污治理的引导力度（表3-19）。整体上，政府相关部门对粪污治理的宣传培训力度不强，认为政府部门对粪污治理进行宣传的养殖户占58.99%，而接受过粪污处理相关培训的养殖户仅占37.19%；从不同规模角度来看，随着养殖规模的增大，受到粪污治理宣传培训的养殖户比例逐渐增多，中小规模养殖户受众比例相对较小，尤其是小规模养殖户受众比例最小（16.33%）。从不同规模养殖户宣传培训的受众比例可以看出，政府部门的引导性措施在不同规模养殖户中是有所偏重的开展，并未全面普及。

3.5.4.4 粪污治理意愿

实际行为的发生受意愿的影响，意愿是决定实际行为最直接的影响因素[122]，主要表现为从事特定行为的主观能动性。粪污治理意愿主要表现为养殖户愿意进行粪污治理的主观能动性。结合本研究关于粪污治理的实现路径，主要从内部化治理意愿和外源性治理意愿两个方面进行分析，内部化治理意愿主要通过“您是否愿意配套粪污处理设施进行粪污治理”来表述；外源性治理意愿主要通过“您是否愿意通过第三方治理企业进行收集处理”来表述。统计结果如表 3-20 所示。

表 3-20 粪污治理意愿情况

类别			小规模	中规模	大规模	总样本
内部化治理意愿	愿意自行处理粪污	样本数（个）	117	403	67	587
		占比（%）	46.61	53.10	58.77	52.22
外源性治理意愿	愿意通过第三方治理企业治理粪污	样本数（个）	170	560	58	788
		占比（%）	67.73	73.78	50.88	70.11
外源性治理的支付意愿	愿意为第三方治理支付费用	样本数（个）	72	345	51	468
		占比（%）	28.69	45.45	44.74	41.64

从表 3-20 中可以看出，总体上，养殖户的内部化治理意愿（52.22%）低于外源性治理意愿（70.11%），即养殖户选择第三方治理的意愿相对较高。从不同规模角度看，大、中、小规模养殖户的内部化治理意愿均不高，有意愿的养殖户占比 50%左右，并且随着养殖规模的增大，治理意愿有所增强；而从不同规模养殖户的外源性治理意愿来看，中规模养殖户参与第三方治理的意愿相对最高（73.78%），其次是小规模养殖户（67.73%），大规模养殖户意愿相对最弱（50.88%）。

通过不同规模养殖户粪污治理意愿统计描述来看，在粪污处理利用方面被调查养殖户更倾向于外源性治理，即第三方治理，并且愿意为第三方治理支付一定的费用。从不同规模角度看，大规模养殖户倾向于内部化治理，而中小规模养殖户更倾向于外源性治理，且中规模养殖户支付意愿最高（45.45%），但小规模养殖户的支付意愿最弱（28.69%）。通过对比可以发现，小规模养殖户参与第三方治理的意愿较强，而支付意愿却很弱，这与现实情况相符，小规模养殖户经营农田配套率相对较高，在进行粪污处理利用方面就较为灵活，符合理性人假设。因此，在推广第三方治理时，需要通过签订合同协议等形式规范养殖户的行为，以保障第三方治理运行的原料来源。

3.6　本章小结

本章基于我国生猪养殖业的发展历程及其时空演变，分析生猪养殖业发展方式转变过程、地理集聚特征及其主要影响因素，在此基础上剖析我国生猪养殖粪污演变特征、污染成因与治理困境，由此，提出内部化治理和外源性治理两种粪污治理方式和路径，并运用演化博弈对两种治理方式下相关主体的治理策略进行分析。结论如下。

（1）我国生猪养殖业发展经历六个阶段，生猪养殖规模化、集约化程度日趋明显，生猪粪污由起初的种植业肥料逐渐转变为养殖废弃物，种养分离造成环境污染的风险。生猪养殖业在地理集聚过程中规模化养殖趋势明显，极有可能导致部分区域养殖密度过大，农田消纳面积不足，局部地区甚至已经超出资源环境承载能力。虽然环境规制逐渐加强，但由于制度缺失，且缺乏相关政策支持，生猪规模养殖粪污治理难度越来越大。

（2）结合粪污治理困境，基于农牧循环的空间分布和产业链特征，依据养殖规模和养殖户意愿，提出内部化治理与外源性治理的两种粪污治理方式和路径。内部化治理把粪污外部效应内部化，市场要素得不到体现与发挥，主要依赖于政府的管制措施和自身的自律；外源性治理方式下第三方治理企业在粪污治理市场化运作过程中弥补了市场主体缺失，在一定程度上能够消除内部化治理中信息不对称问题，克服政府失灵和市场失灵。

（3）内部化治理方式下地方政府与养殖户双方主体的理想策略是“不引导，治理”，而满足该策略的条件是降低养殖户的治理成本、实现或提升治理收益、增强养殖户对粪便污染的认知，同时加大政府补贴力度和监管处罚力度；外源性治理方式下地方政府、养殖户、第三方治理企业三方主体的理想策略是“不引导，参与治理，处理”，而满足该策略的条件是地方政府在策略初期需要增加粪污治理经费投入，加大对第三方治理企业和养殖户的补贴和奖励力度，尽量降低第三方治理企业的治理成本，加强对第三方治理企业的监管处罚力度，增强养殖户对粪污处理带来额外收益和粪便污染造成额外损失的认知。

（4）研究对象区域生猪规模化养殖趋势明显，粪污治理的产前预防环节在一定程度上能够减轻环境污染，但调研区域仍有近50%的养殖户粪污存储设施不健全，主要集中于小规模和中规模；此外，中规模养殖户因经营农田不匹配难以完全消纳粪污，粪污治理问题较为突出、治理难度相对较大。尽管政府加大了监管力度，但对粪污处理宣传培训力度不够，养殖户对相关政策法规认知度较低，此外，政府补贴力度较低，且倾向于大规模养殖户，养殖户治理粪污的积极性不高。大规模养殖户倾向于内部化治理，而中小规模养殖户更倾向于外源性治理。

第4章　生猪规模养殖户粪污内部化治理的意愿与行为

养殖户作为粪污治理的微观主体和最基础的决策单位，其主动性治理行为对促进粪污资源化利用极为关键[167]，对养殖户自处理的内部化治理行为更为重要。治理行为的发生受到意愿的影响，意愿和行为受多种因素制约[168,169]。研究区域调查显示，大规模养殖户更愿意选择内部化治理粪污。养殖规模作为影响养殖户治理行为的关键因素[30]，如何影响养殖户的治理行为？不同规模养殖户粪污治理意愿向行为转化受到哪些因素的影响？对上述问题展开研究，以阐明养殖户粪污内部化治理的意愿与行为关系，为养殖户主动性承担粪污治理责任提供依据。

4.1　分析框架

已有文献虽对养殖粪污治理意愿和行为进行了一些研究，但仍有进一步探索的空间：一是研究视角方面，需针对治理意愿与治理行为的不一致性分别从意愿转化行为视角和环境规制视角进行探讨，阐明促进治理意愿向治理行为转化的关键要素；二是研究方法方面，利用ISM模型分析影响不同规模养殖户粪污治理行为的关键因素。本章主要基于计划行为理论，利用生猪规模养殖户的问卷调查数据，从养殖户主的个体特征、生产经营特征、行为态度、主观规范、感知行为控制、引导性规制、环境规制等几方面对养殖户治理意愿与行为的一致性进行分析，并进一步分析不同规模养殖户粪污治理行为的影响因素，为相关决策单位提供参考。本章分析框架如图4-1所示。

4.2　理论分析与研究假设

养殖户进行主动性粪污治理是有计划的行为，既有理性经济人追求利益

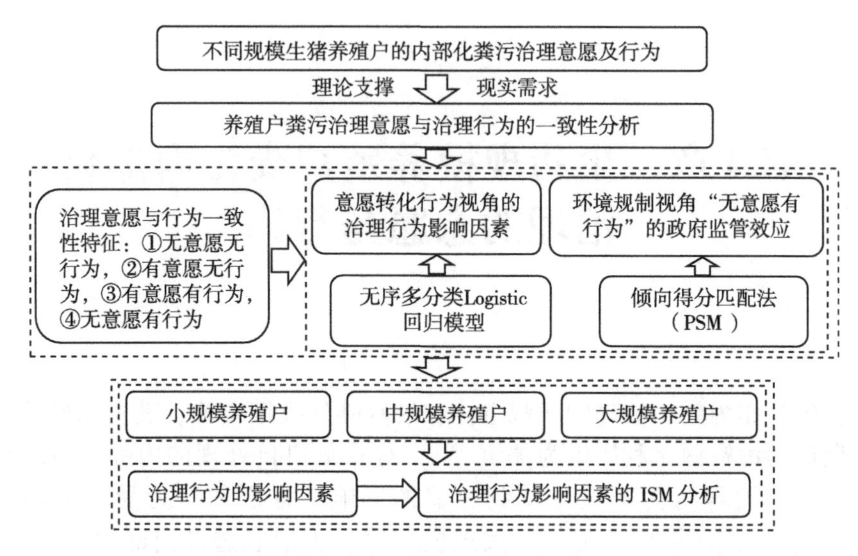

图 4-1　生猪规模养殖户粪污内部化治理的意愿与行为分析框架

最大化的考虑，也受到政策干预和周边社会环境等外部因素的驱使[170]。基于相关理论分析与文献调查，在计划行为理论基础上构建生猪规模养殖粪污治理行为机理形成框架（图 4-2）。

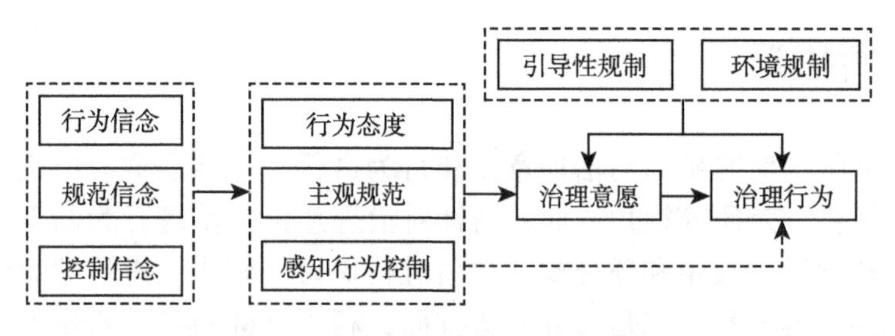

图 4-2　扩展的计划行为理论模型

（1）行为态度。当养殖户感知粪污治理行为能够带来居住环境改善、养殖效益提升、疫病发生率降低等好处时，将产生积极的行为态度，有利于增加其外部动机，对其治理意愿和治理行为产生一定的促进作用。

（2）主观规范。主观规范表征养殖户在参与粪污治理过程中感知的社会压力。周围居民会督促养殖户实施粪污治理行为。

（3）感知行为控制。感知行为控制能力越强，行为实现的可能性越大[171]，其主要由感知因素和评估因素组成。其中，感知因素是养殖户参与粪污治理的能力、资源和机会，如在粪污治理过程中对粪污的了解、学习到的相关专业知识、具备的经济条件等；评估因素主要体现在养殖户的禀赋效应方面，养殖户是否愿意并进行粪污治理，主要取决于治理过程中获得的收益，只有当养殖户感知自身失去的价值等于或小于粪污治理获得的价值时，才能激发粪污治理的欲望，并为此付出行动。

（4）其他因素。社会经济特征变量和政策变量也影响治理行为的发生。社会经济特征变量通过行为态度、主观规范和感知行为控制 3 类因素影响粪污治理意愿和行为[172]，社会经济特征变量主要包括个人特征、养殖特征、资源禀赋状况等，政策变量主要表现为政府引导性规制、监管处罚和激励性措施等，如宣传培训、监管和补贴等。

（5）意愿与行为。意愿是个人从事特定行为的主观概率，主要表现为参与的意愿程度[173]。粪污治理意愿是养殖户愿意进行粪污治理的概率大小，粪污治理行为是养殖户对粪污进行处理促进粪污资源化利用所发生的行为。相关研究认为，意愿是某种行为的心理表现，是行为发生的前奏。已有研究表明意愿和行为之间存在显著相关，意愿主要通过两方面对实际行为产生影响，包括源自意愿的承诺和意愿的实现过程[174]，当意愿达到实际行为的阈值时，实际行为才能实现。

基于相关理论分析提出如下研究假设。

（1）行为态度是养殖户对粪污治理的信念强度和对该事物正面或负面评价的综合强度。用"周围环境污染认知""对猪生长影响认知"和"对人体健康影响认知"来测量和分析养殖户对粪污治理的态度。

假设 1：行为态度相关变量能够促进养殖户的治理意愿向治理行为转化，并且对养殖户的粪污治理行为具有正向影响。

（2）主观规范由养殖户在粪污治理中对其影响较大的利益相关者（例如周边群众等）对其行为所表现出的各种期望和压力的综合评价。养殖户在周边群众的压力或推力下可能影响其粪污治理意愿，进而影响其治理行为。用"周边群众舆论"来反映主观规范。

假设 2：周边群众舆论促进养殖户的治理意愿向治理行为转化，并且正向影响养殖户的粪污治理行为。

（3）感知行为控制是养殖户对粪污治理行为控制能力的感知。用"了解粪污处理技术"和"具备粪污处理经济条件"来测量和分析感知行为控制。

假设 3：感知行为控制相关变量能够促进养殖户的治理意愿向治理行为转化，并且正向影响养殖户的粪污治理行为。

（4）引导性规制由“对粪污治理进行宣传”和“对粪污处理进行相关培训”来测量。对养殖户进行培训包括对粪便污染认知以及粪污处理模式、技术和方法等的宣传培训，若宣传培训力度大，养殖户越了解粪便污染环境的危害，并且对粪污处理的方式和方法越了解，越容易进行粪污治理。

假设4：引导性规制能够促进养殖户的治理意愿向治理行为转化，并且正向影响养殖户的粪污治理行为。

（5）环境规制影响养殖户的粪污治理意愿及行为。环境规制主要包括经济激励型和命令控制型两种，用“政府补贴”和“政府监管”来测量。其中，“政府监管”主要是政府相关部门对于没有实施粪污治理的养殖户依法采取行政干预，要求其限期整改，而对于已经实施粪污治理的养殖户进行监管，防止偷排漏排现象发生。

假设5：政府补贴和政府监管能够促进养殖户的治理意愿向治理行为转化，并且正向影响养殖户的粪污治理行为。

4.3 模型构建、变量选取与样本特征

4.3.1 模型构建

4.3.1.1 无序多分类 Logistic 回归模型

无序多分类 Logistic 回归模型，又称多元选择模型。模型中因变量为多项无序分类变量，又称名义变量，其水平数多于2个，因变量水平之间不存在等级递增或递减关系，对多项无序分类的因变量采用 Logistic 回归，是通过拟合广义 Logistic 模型的方法进行。

假若因变量有 n 个状态，首先定义因变量的某一个状态为参照状态，其他各个状态与参照状态相比，拟合 $n-1$ 个（n 为因变量个数）广义 Logistic 回归模型，本节中无序多分类 Logistic 回归模型因变量共有3个状态，分别为“无意愿无行为”“有意愿无行为”“有意愿有行为”，分别用“0”“1”“2”表示，其中，0、1、2不表示等级水平，而是无序变量的数值代码，对应状态取值的概率分别为 π_0、π_1、π_2，其中，状态“0”是其他因变量的共同参照水平。对 i 个自变量拟合模型如下：

$$\text{logit}\,\pi_0 = \ln\left(\frac{\pi_0}{\pi_0}\right) = 0 \qquad \text{公式（4-1）}$$

$$\text{logit}\,\pi_1 = \ln\left(\frac{\pi_1}{\pi_0}\right) = \alpha_1 + \beta_{11}X_1 + \beta_{12}X_2 + \cdots + \beta_{1i}X_i$$ 公式（4-2）

$$\vdots$$

$$\text{logit}\,\pi_j = \ln\left(\frac{\pi_j}{\pi_0}\right) = \alpha_j + \beta_{j1}X_1 + \beta_{j2}X_2 + \cdots + \beta_{ji}X_i$$ 公式（4-3）

其中，$$\pi_j = P_j(Y=j \mid X) = \begin{cases} \dfrac{1}{1+\sum_{k=2}^{j}\exp(\beta_k X)} (j=0) \\ \dfrac{\exp(\beta_j X)}{1+\sum_{k=2}^{j}\exp(\beta_k X)} (j=1,2) \end{cases}$$ 公式（4-4）

上式中，π 为行为概率函数，$\pi_0 + \pi_1 + \cdots + \pi_j = 1$，$\alpha$ 为常数项，β 是各自变量的回归系数，$X = X_1, X_2, \cdots, X_i$ 代表影响养殖户行为决策的解释变量集。

4.3.1.2　二元 Logit 模型

养殖户的粪污治理行为存在“治理”和“不治理”两种，若养殖户认为粪污治理能带来净收益，一般会选择治理；反之，选择不治理，属于典型的二元选择问题，而 Logistic 模型能将变量赋值有效限定于［0，1］。因此，采用 Logit 二元选择模型分析养殖户治理行为的影响因素。建立 Logit 回归模型如下：

$$P = F(y=1 \mid x_i) = 1/(1+e^{-y})$$ 公式（4-5）

上式中，P 表示养殖户进行粪污治理的概率；y 表示养殖户选择粪污治理的行为，$y=1$ 表示养殖户进行粪污治理，$y=0$ 则相反；$x_i(i=1, 2, \cdots, k)$ 被定义为可能影响养殖户进行粪污治理的影响因素。y 是变量 x_i 的线性组合，即

$$y = b_0 + b_1x_1 + b_2x_2 + \cdots + b_kx_k$$ 公式（4-6）

上式中，$b_i(i=1, 2, \cdots, k)$ 表示第 i 个解释变量的回归系数，若 b_i 为正，表明第 i 个解释变量对养殖户实施粪污治理行为有正向作用；若 b_i 为负，则表明有负向作用。将式（4-5）、式（4-6）进行变换，得到 Logit 模型如下：

$$\ln(P/(1-P)) = b_0 + b_1x_1 + b_2x_2 + \cdots + b_kx_k + \varepsilon$$ 公式（4-7）

上式中，b_0 表示常数项，ε 表示随机误差项。

4.3.1.3　倾向得分匹配法（PSM）

PSM 是基于“反事实推断”的理论框架，通过非观察数据或实验数据进

行干预效应分析的统计方法，能够有效克服样本的选择性偏差以及关键变量的内生性等问题。对于处在干预状态和控制状态的样本来说，“反事实”分别表示处在相应状态下的潜在结果。PSM 能够有效克服“反事实”无法观测的问题。通过 Logit 模型计算倾向得分，将处理组与控制组样本进行匹配，尽可能实现组间平衡。

采用 PSM 法评估政府监管对养殖户实施治理行为的影响。首先，对样本数据进行整理得到处理组和控制组两个组别，处理组是受政府监管的养殖户，控制组是没有受到政府监管的养殖户。用二分类变量 D_i 表示养殖户是否受政府监管，$D_i=0$ 表示未受监管（控制组），$D_i=1$ 表示养殖户受政府监管（处理组）。本节的研究目的在于考察受到政府监管的养殖户与假设其未受政府监管相比，其发生粪污治理行为概率是否增大。基于此，定义 $D_i=1$ 的养殖户粪污治理行为平均处理效应（ATT）如下：

$$ATT=E(y_{1i}\mid D_i=1)-E(y_{0i}\mid D_i=1)=E(y_{1i}-y_{0i}\mid D_i=1)$$

公式（4-8）

上式中，y_{1i} 表示受到政府监管的养殖户的粪污治理行为特征，y_{0i} 表示未受到政府监管的养殖户的粪污治理行为特征，其差值 $y_{1i}-y_{0i}$ 为政府监管的净效益。PSM 法计算 ATT 步骤如下：

首先，选择可能影响（$y_{1i}-y_{0i}$）和 D_i 的相关变量作为协变量，定义 Logit 或 Probit 回归模型，以此计算倾向得分值，将多维协变量转换为一维变量，从而提升匹配的容易度。然后，进行倾向得分匹配，若在匹配后处理组与控制组的分布较为均匀，表明倾向得分匹配估计结果相对较为准确。令 $P(x_i)$ 为处理组中变量 x_i 的倾向得分，即 $P(x_i)=P(D_i=1\mid x_i)$，则平均处理效益（ATT）可以转换为：

$$ATT=E(y_{1i}\mid D_i=1)-E(y_{0i}\mid D_i=1,\ P(x_i))-E(y_{0i}\mid D_i=0,\ P(x_i))$$

公式（4-9）

4.3.2 数据来源、变量选取与样本特征

4.3.2.1 数据来源与变量选取

数据来源于 2017 年 9 月至 2018 年 1 月在吉林省 4 市 11 县和辽宁省 5 市 14 县开展的问卷调查，有效问卷 1 124份。根据 4.2 的理论模型，共选取 2 个因变量和 17 个自变量作为生猪规模养殖粪污治理意愿与行为的模型变量，具体如表 4-1 所示。

（1）因变量。粪污治理不仅包括粪污处理设备与基础设施的购建，养殖户还需将粪污进行无害化处理后进行消纳。本研究对粪污治理行为的定义为养殖户配套粪污处理设施，并将粪便经无害化处理后进行资源化处理利用。在因变量中，治理意愿以“您是否愿意进行粪污治理”来表述；治理行为以“您是否已经参与并实施了粪污治理”来表述，即“您家猪场是否配备粪污处理设施并进行粪污处理”。

（2）自变量。一是个体特征，包括年龄、文化程度、养殖年限。二是生产经营特征，包括养殖规模、猪场与村庄的距离、粪污消纳地面积、养殖净收益。其中，粪污消纳地面积以养殖户经营的农田面积来衡量，包括通过土地流转、租赁等形式获得使用权的农田。三是行为态度，主要包括周围环境污染认知、对猪生长影响认知以及对人体健康影响认知。分别以“粪便处理不当是否造成周边环境污染”“粪便污染对猪的健康生长是否有不利影响”“粪便污染对人的身体健康是否有影响”来测量。四是主观规范，主要包括周边群众舆论。调查问题是“周边群众是否因粪便污染环境问题向您提出意见”。五是感知行为控制，主要包括粪污处理技术、粪污处理经济条件。其中粪污处理技术以“您是否了解粪污处理技术？例如：粪污的无害化处理及其肥料化或能源化等处理技术”；粪污处理经济条件以“您是否具备粪污处理的经济条件？包括粪污处理设施建设及相关设备的购买与运行等”。六是引导性规制，主要包括粪污治理宣传、粪污处理相关培训。分别以“政府相关部门是否对于粪污治理进行过宣传？如通过新闻媒体、网络信息平台或宣传单页等形式开展宣传活动”“政府相关部门是否针对粪污处理组织开展学习培训”来测量。七是环境规制，主要包括以政府补贴为代表的经济激励型环境规制和以政府监管为代表的命令控制型环境规制，调查问题分别是“您家猪场在粪污处理方面是否享受过政府补贴”和“政府部门是否对您家猪场的粪污处理问题进行过监督检查”。

表 4-1　变量定义和预期方向

变量		定义及赋值	预期方向
意愿因变量	治理意愿	愿意=1；不愿意=0	
行为因变量	治理行为	参与=1；未参与=0	
个体特征	年龄	受访者实际年龄（岁）	?
	文化程度	高中及以上=1；高中以下=0	+
	养殖年限	从事养猪业时间（年）	?

（续表）

变量		定义及赋值	预期方向
生产经营特征	养殖规模	小规模=1；其他=0	?
		中规模=1；其他=0	?
		大规模=1；其他=0	?
	与村庄距离	猪场与村庄的距离（m）	-
	粪污消纳地面积	养殖户经营农田面积（亩）	+
	养殖净收益	每头猪的实际净收益（元）	+
行为态度	周围环境污染认知	污染=1；不污染=0	+
	对猪生长影响认知	有影响=1；没有影响=0	+
	对人体健康影响认知	有影响=1；没有影响=0	+
主观规范	周边群众舆论	有意见=1；没有意见=0	+
感知行为控制	粪污处理技术	了解=1；不了解=0	+
	粪污处理经济条件	具备=1；不具备=0	+
引导性规制	粪污治理宣传	有=1；没有=0	+
	粪污处理相关培训	有=1；没有=0	+
环境规制	政府补贴	有=1；没有=0	+
	政府监管	有监管=1；没有监管=0	+

（3）多重共线性检验。本章主要是利用上述解释变量对影响养殖户治理行为的因素进行回归分析，为了避免所选解释变量之间存在多重共线性，使用方差膨胀因子（VIF）对所选取的解释变量进行多重共线性检验。一般情况下，当 VIF>3 时，变量之间存在多重共线性，当 VIF>10 时，则变量之间存在严重的多重共线性。因此，可以通过计算 VIF 来对各解释变量的多重共线性进行检验。限于篇幅，仅呈现以年龄作为因变量，其他变量作为自变量的多重共线性检验结果（表 4-2）。综合全部检验结果，VIF 均小于 3，因此，可以说明模型中各解释变量之间不存在显著的多重共线性。

表 4-2　多重共线性检验结果

变量		容忍度	VIF
年龄	文化程度	0.892	1.122
	养殖年限	0.957	1.045
	中规模	0.629	1.589

（续表）

变量		容忍度	VIF
年龄	大规模	0.571	1.750
	与村庄距离	0.789	1.267
	粪污消纳地面积	0.944	1.059
	养殖净收益	0.926	1.080
	周边环境污染认知	0.830	1.204
	对猪生长影响认知	0.586	1.706
	对人体健康影响认知	0.578	1.731
	政府监管	0.682	1.465
	周边群众舆论	0.856	1.168
	粪污处理技术	0.736	1.358
	粪污处理经济条件	0.881	1.135
	粪污治理宣传	0.645	1.551
	粪污处理相关培训	0.678	1.476
	政府补贴	0.770	1.299

4.3.2.2　样本描述性统计

表 4-3 为样本描述统计结果，从治理意愿来看，总样本中具有治理意愿的养殖户占 52.2%，小规模、中规模、大规模养殖户中分别占有 46.6%、53.1%、58.8%的养殖户具有治理意愿，随着规模扩大，治理意愿逐渐增强；从治理行为来看，总样本中进行粪污治理的养殖户占 50.4%，小规模、中规模、大规模养殖户中分别有 27.9%、54.3%、73.7%的养殖户进行了粪污治理。其他变量特征如表 4-3 所示。

表 4-3　样本描述性统计分析

变量		均值			
		总样本	小规模	中规模	大规模
意愿因变量	治理意愿	0.522 (0.500)	0.466 (0.500)	0.531 (0.499)	0.588 (0.494)
行为因变量	治理行为	0.504 (0.500)	0.279 (0.449)	0.543 (0.498)	0.737 (0.442)

（续表）

变量		均值			
		总样本	小规模	中规模	大规模
个体特征	年龄	46.424 (8.580)	47.004 (8.435)	46.228 (8.467)	46.456 (9.609)
	文化程度	0.214 (0.411)	0.120 (0.325)	0.203 (0.402)	0.500 (0.502)
	养殖年限	13.577 (6.706)	13.199 (6.644)	13.830 (6.586)	12.719 (7.531)
生产经营特征	养殖规模	—	0.223 (0.417)	0.675 (0.468)	0.101 (0.302)
	与村庄距离	287.408 (493.194)	88.526 (216.602)	278.158 (495.213)	786.886 (573.048)
	粪污消纳地面积	32.357 (56.282)	24.229 (23.255)	30.386 (51.069)	63.377 (107.916)
	养殖净收益	217.324 (109.226)	202.121 (104.55)	220.421 (110.269)	230.177 (109.88)
行为态度	周围环境污染认知	0.734 (0.442)	0.697 (0.46)	0.751 (0.433)	0.702 (0.46)
	对猪生长影响认知	0.735 (0.442)	0.530 (0.500)	0.821 (0.384)	0.614 (0.489)
	对人体健康影响认知	0.740 (0.439)	0.594 (0.492)	0.816 (0.388)	0.561 (0.498)
主观规范	周边群众舆论	0.314 (0.464)	0.390 (0.489)	0.285 (0.452)	0.342 (0.477)
感知行为控制	粪污处理技术	0.437 (0.496)	0.295 (0.457)	0.444 (0.497)	0.702 (0.460)
	粪污处理经济条件	0.401 (0.490)	0.367 (0.483)	0.397 (0.490)	0.509 (0.502)
引导性规制	粪污治理宣传	0.590 (0.492)	0.371 (0.484)	0.644 (0.479)	0.711 (0.456)
	粪污处理相关培训	0.372 (0.484)	0.163 (0.370)	0.398 (0.490)	0.658 (0.477)
环境规制	政府补贴	0.146 (0.353)	0.076 (0.265)	0.120 (0.325)	0.474 (0.502)
	政府监管	0.752 (0.432)	0.542 (0.499)	0.813 (0.390)	0.807 (0.396)

注：括号中数据为标准偏差。

4.3.2.3 生猪规模养殖户粪污治理认知及行为

本研究通过对不同规模养殖户的粪污处理认知进行梳理，整体把握不同规模养殖户对粪污治理的态度和认知，为进一步分析养殖户粪污治理行为奠定基础。

（1）养殖户对粪便污染及其处理能力的认知

①粪便污染认知。结合表 4-4，从粪便处理不当是否会污染周边环境的认知看，73.4%的养殖户认为粪便处理不当会污染周边的环境，仍然有 26.6%的养殖户并不认同，说明养殖户对粪便污染环境的认知仍有不足；从不同规模来看，中规模和大规模的养殖户中均超过 70%的认为粪便处理不当会污染周边环境，而小规模养殖户对此认知相对偏低，但也占到 69.72%。从粪便处理不当是否会影响生猪健康生长的认知看，认为粪便处理不当会影响生猪健康生长的养殖户比例较高，占 73.49%；从不同规模角度看，中规模养殖户认为粪便处理不当会影响生猪健康生长的比例最高，占 82.08%，而大规模和小规模占比相对偏低，表明不同规模的养殖户对粪便处理不当是否会影响生猪健康生长有所差异。从粪便处理不当是否影响人体健康来看，总体上，占 74.02%的养殖户认为粪便处理不当影响人体健康，仍有 25.98%的养殖户并不认同；从不同规模来看，粪便处理不当是否影响人的健康这一因素在不同规模养殖户中差异较大，其中认为影响人体健康的中规模养殖户占比最高（81.55%）。

表 4-4　养殖户对粪污及其处理能力认知特征

类别	变量	选项	小规模		中规模		大规模		总样本	
			样本数	比例（%）	样本数	比例（%）	样本数	比例（%）	样本数	比例（%）
粪便污染认知	粪便处理不当污染周边环境	不污染	76	30.28	189	24.90	34	29.82	299	26.60
		污染	175	69.72	570	75.10	80	70.18	825	73.40
	粪便处理不当影响猪健康生长	不影响	118	47.01	136	17.92	44	38.6	298	26.51
		影响	133	52.99	623	82.08	70	61.40	826	73.49
	粪便处理不当影响人的健康	不影响	102	40.64	140	18.45	50	43.86	292	25.98
		影响	149	59.36	619	81.55	64	56.14	832	74.02
处理能力认知	是否了解粪污处理技术	不了解	177	70.52	422	55.60	34	29.82	633	56.32
		了解	74	29.48	337	44.40	80	70.18	491	43.68
	是否具备粪污处理经济条件	不具备	159	63.35	458	60.34	56	49.12	673	59.88
		具备	92	36.65	301	39.66	58	50.88	451	40.12

②粪污处理能力认知。“是否了解粪污处理技术”，从总样本看，不了解粪污处理技术的养殖户占比较高（56.32%）；从养殖规模来看，小规模、中

规模、大规模对粪污处理技术的了解程度占比虽依次增大，但小规模和中规模养殖户中认为了解粪污处理技术的占比仍然较低，对粪污处理技术不了解很可能阻碍养殖户实施粪污治理行为。“是否具备粪污处理经济条件”，从总样本看，不具备粪污处理经济条件的养殖户高达 59.88%；从不同规模来看，小规模和中规模养殖户不具备粪污处理经济条件的占比达到 60%以上，大规模养殖户资金实力相对较强，但仍有占 49.12%的养殖户认为不具备粪污处理经济条件，粪污处理经济条件的缺失在一定程度上制约养殖户治理粪污的积极性，尤其是对于中小规模养殖户可能更为明显。

（2）粪污治理意愿与行为。不同规模养殖户的治理意愿与行为特征分析见表 4-5。从总样本看，生猪规模养殖户的粪污治理意愿与行为偏低，分别仅占 52.22%和 50.36%。从不同规模看，小规模养殖户中，愿意进行粪污处理的比例占 46.61%，而配备粪污处理设施并进行粪污治理的养殖户仅占 27.89%；中规模养殖户中，愿意进行粪污处理的比例占 53.1%，配备粪污处理设施并进行粪污治理的养殖户占 54.28%；大规模养殖户中，愿意进行粪污处理的比例为 58.77%，而配备粪污处理设施并进行粪污治理的养殖户比例高达 73.68%。总体来看，随着养殖规模的扩大，养殖户的治理意愿和治理行为逐渐增强，但小规模养殖户治理意愿高于治理行为，而中规模和大规模养殖户治理行为高于其治理意愿，存在意愿行为不一致情况。

表 4-5　养殖户治理意愿与行为特征

变量	选项	小规模		中规模		大规模		总样本	
		样本数	比例（%）	样本数	比例（%）	样本数	比例（%）	样本数	比例（%）
是否有意愿进行粪污治理	否	134	53.39	356	46.90	47	41.23	537	47.78
	是	117	46.61	403	53.10	67	58.77	587	52.22
是否进行粪污治理	否	181	72.11	347	45.72	30	26.32	558	49.64
	是	70	27.89	412	54.28	84	73.68	566	50.36

4.4　养殖户粪污治理意愿与治理行为的差异性分析

意愿作为行为的预测指标，研究养殖户的粪污主动性治理意愿可了解养殖户关于粪污处置的想法和需求。然而，现实中存在两种意愿与行为不一致的情景：一是养殖户有粪污治理意愿却没有发生治理行为，若通过该意愿来预测行为，可能会夸大意愿对行为的影响；二是养殖户没有粪污治理意愿却发生了治理行为，这种行为更多地受外界压力的影响而发生，无法通过养殖户的意愿进行准确预测，并且这些养殖户很有可能退出粪污治理。当养殖户粪污治理意愿与行为一致时，意愿才更有可能转化为行为，由此产生行为的养殖户很有可能从中获得一定的收益，并且这种行为更具有可持续性。考察养殖户粪污治理意愿与行为之间的差异性，对于阐明养殖户治理行为决策机制具有一定的现实意义。基于此，本节基于计划行为理论，结合意愿与行为之间的内在关系，利用吉林、辽宁两省生猪规模养殖户的调研数据，分别从意愿转化行为的视角和政府规制的视角对养殖户治理意愿与行为的差异性及影响因素进行探讨。

4.4.1 粪污治理意愿与治理行为的一致性特征

养殖户的治理意愿作为治理行为的先导，往往会对养殖户的实际行为选择具有指引作用。从养殖户产生治理意愿到实际发生粪污治理行为，受多种因素的影响，养殖户最终的行为选择与其粪污治理的意愿可能存在一定的差异。一方面，若养殖户存在治理意愿，但是意愿与行为之间的时间差使实施行为未来得及实现[175]；另一方面，若养殖户没有治理意愿，但是政府通过行政干预，最终也可能会进行粪污治理。因此，探讨养殖户粪污治理意愿与治理行为之间的关系，分析其出现差异的原因，为正确引导养殖户粪污治理意愿及行为转变、推进粪污治理提供更有效的参考与建议。粪污治理意愿与行为的一致性特征如表 4-6 所示。

表 4-6 不同规模养殖户粪污治理意愿与行为的交叉分析

			小规模			中规模			大规模		
			治理行为			治理行为			治理行为		
			不参与	参与	总计	不参与	参与	总计	不参与	参与	总计
治理意愿	不愿意	样本量	112	22	134	183	173	356	21	26	47
		在意愿中占比（%）	83.58	16.42	100	51.40	48.60	100	44.68	55.32	100
	愿意	样本量	69	48	117	164	239	403	9	58	67
		在意愿中占比（%）	58.97	41.03	100	40.69	59.31	100	13.43	86.57	100

（续表）

		小规模			中规模			大规模		
		治理行为			治理行为			治理行为		
		不参与	参与	总计	不参与	参与	总计	不参与	参与	总计
总计	样本量	181	70	251	347	412	759	30	84	114
	在意愿中占比（%）	72.11	27.89	100	45.72	54.28	100	26.32	73.68	100
显著性检验		卡方值=18.807，P值=0.000			卡方值=8.736，P值=0.003			卡方值=13.910，P值=0.000		

从表4-6中可知，对于小规模养殖户，没有治理意愿的养殖户中有83.58%的养殖户没有参与粪污治理，而有治理意愿的养殖户中有41.03%养殖户进行粪污治理；对于中规模养殖户，没有治理意愿的养殖户中有51.4%的养殖户没有参与粪污治理，而有治理意愿的养殖户中有59.31%养殖户进行了粪污治理；对于大规模养殖户，没有治理意愿的养殖户中有44.68%的养殖户没有参与粪污治理，而有治理意愿的养殖户中有86.57%养殖户进行了粪污治理。通过对不同养殖规模进行比较分析发现，随着养殖规模的增大，具有治理意愿的养殖户的治理行为发生的概率也在增加，并且具有治理意愿的中小规模养殖户参与粪污治理行为的比例相对较低。卡方检验结果显示，粪污治理意愿与治理行为呈现显著相关。表明养殖户粪污治理意愿越强烈，其粪污治理行为就越容易发生，养殖户的粪污治理意愿对实际的治理行为具有较强的导向性和影响力。这也进一步证实计划行为理论中的“意愿是解释或预测行为的中介变量”。

然而，小规模、中规模、大规模样本中分别占有58.97%、40.69%、13.43%的养殖户有治理意愿但并没有发生治理行为，分别有16.42%、48.6%、55.32%的养殖户没有治理意愿但却发生治理行为，养殖户最开始萌生的意愿与最后发生的行为相悖，并且能够明显看出随着养殖规模的增大，这种现象就越明显。基于上述两种不一致性，分别从意愿转化行为视角和环境规制视角进行进一步探讨。

4.4.2 基于粪污治理意愿转化行为视角的影响因素

通过对微观个体行为进行分析发现，个体行为的意愿是其从事特定行为的主观概率，主要表现为参与的意愿程度[173]。养殖户的粪污治理意愿是其愿意采取粪污治理行为的概率大小，养殖户的粪污治理行为是其对粪污进行处理并实现污染防治目标所发生的行为。意愿是个体某种行为的心理表现，是行为发生的前奏。Zeithaml[174]认为意愿和行为之间存在显著相关，意愿主要通过两方面对实际行为产生影响，包括源自意愿的承诺和意愿的实现过程，当意愿达到实际行为的阈值时，实际行为才能实现。然而，Wegner[176]认为意愿与行为的因果关系并不显著。Sheeran[177]通过 Meta 方法分析了意愿与行为之间的相关系数，并进一步论证了意愿与行为之间的差距，认为意愿的性能与其相应的基础、目标、时间稳定性及个体执行力等因素影响意愿向行为转化，同时行为受到个体的经验、习惯以及外部因素等的影响可能形成自发响应。因此，意愿与行为不能总是保持一致。可能存在以下现象与原因：一是由于意愿与行为之间的时间差使实施行为未来得及实现[175]；二是意愿受外部条件影响不能达成实际行为，即“有意愿无行为”的行为转化受阻；三是主体行为能力受限。结合以上分析可知，养殖户的粪污治理行为转化过程中存在 3 种状态，即“无意愿无行为”“有意愿无行为”和“有意愿有行为”，并且其行为的发生存在以下路径：“无意愿无行为”→“有意愿无行为”→“有意愿有行为”或者是“无意愿无行为”→“有意愿有行为”。基于此，结合意愿与行为的内在关系，对调查样本进行分组（无意愿无行为、有意愿无行为、有意愿有行为），从意愿转化行为的视角运用无序多分类 Logistic 回归模型对治理行为的影响因素进行探讨。

4.4.2.1　变量描述统计

由于因变量涉及“无意愿无行为”“有意愿无行为”“有意愿有行为”3 种状态，因此，本节用于分析的样本量为 903，其中有意愿的样本量为 587，“有意愿无行为”即意愿行为不一致的样本量为 242，“有意愿有行为”即意愿行为一致的样本量为 345。样本基本特征如表 4-7 所示。

表 4-7　养殖户粪污治理意愿与行为一致性描述统计

变量	选项	有意愿		有意愿无行为（不一致）		有意愿有行为（一致）	
		个数	比例（%）	个数	比例（%）	个数	比例（%）
年龄（岁）	30 及以下	18	3.07	2	0.83	16	4.64
	31~40	118	20.10	50	20.66	68	19.71
	41~50	284	48.38	119	49.17	165	47.83
	51~60	134	22.83	60	24.79	74	21.45
	60 以上	33	5.62	11	4.55	22	6.38

（续表）

变量	选项	有意愿		有意愿无行为（不一致）		有意愿有行为（一致）	
		个数	比例（%）	个数	比例（%）	个数	比例（%）
文化程度	高中以下	434	73.94	195	80.58	239	69.28
	高中及以上	153	26.06	47	19.42	106	30.72
养殖年限（年）	10及以下	205	34.92	79	32.64	126	36.52
	11~20	279	47.53	112	46.28	167	48.41
	20以上	103	17.55	51	21.07	52	15.07
养殖规模	小规模	117	19.93	69	28.51	48	13.91
	中规模	403	68.65	164	67.77	239	69.28
	大规模	67	11.41	9	3.72	58	16.81
样本量		587		242		345	

从对养殖户的粪污治理意愿与行为一致性特征来看，在年龄分布上，年龄在41~50岁的养殖户中，在“有意愿无行为”和“有意愿有行为”的样本中均占比最高，年龄在30岁以下的养殖户中的这一比例最低；从文化程度看，具有高中以下学历的养殖户占比较高，并且“有意愿无行为”的养殖户占比多于“有意愿有行为”的养殖户；从养殖年限看，养殖年限在11~20年的养猪户中，在“有意愿无行为”和“有意愿有行为”的样本中均占比最高，并且在养殖年限20年以上的样本中，这一比例均较低；从养殖规模看，中规模养殖户中，在“有意愿无行为”和“有意愿有行为”的样本中均占比最高，并且在中规模和大规模养殖户中，一致性样本量占比高于不一致性的样本量，尤其在大规模养殖户中较为显著，而在小规模养殖户中，一致性样本量明显低于不一致的样本量。

4.4.2.2 意愿与行为一致性影响因素的相关性分析

为探讨显著影响养殖户治理意愿与行为一致性的因素，通过计算因变量和自变量之间的皮尔逊相关系数进行分析。

表4-8 相关性分析结果

自变量	皮尔逊相关系数	自变量	皮尔逊相关系数
年龄	-0.023	对猪生长影响认知	0.031
文化程度	0.127***	对人体健康影响认知	0.043

（续表）

自变量	皮尔逊相关系数	自变量	皮尔逊相关系数
养殖年限	−0.035	周边群众舆论	−0.063
小规模	−0.180***	粪污处理技术	0.327***
中规模	0.016	粪污处理经济条件	0.196***
大规模	0.203***	粪污治理宣传	0.308***
猪场与村庄距离	0.185***	粪污处理相关培训	0.349***
粪污消纳地面积	0.152***	政府补贴	0.382***
养殖净收益	0.182***	政府监管	0.304***
周围环境污染认知	0.040		

注：*** 表示 1%的统计显著性水平。

从表 4-8 中可以看出，文化程度、大规模养殖、猪场与村庄距离、粪污消纳地面积、养殖收益、粪污处理技术、粪污处理经济条件、粪污治理宣传、粪污处理相关培训、政府补贴、政府监管等 11 个变量均在 1%显著性水平上和养殖户的粪污治理意愿与行为一致性显著正相关，而养殖规模特征变量中的小规模养殖和养殖户的粪污治理意愿与行为一致性显著负相关。而养殖户的年龄、养殖年限、周围环境污染认知、对猪生长影响认知、对人体健康影响认知、周边群众舆论这 6 个变量和养殖户的粪污治理意愿与行为一致性的相关程度较小。

4.4.2.3　意愿与行为一致性影响因素的 Logistic 回归分析

以上对治理意愿与治理行为一致性影响因素的相关性分析只是检验了自变量与因变量之间的相关关系的显著性及作用方向，而影响养殖户进行粪污治理意愿与行为一致性的因素之间可能存在相互作用，基于此，运用计量模型进一步对影响意愿与行为一致性的因素进行分析。结合前文对相关因变量和自变量的分类与定义，模型Ⅰ和模型Ⅱ以“无意愿无行为”作为参照组，分别分析“有无意愿”和“有无行为”的影响因素；模型Ⅲ以“有意愿无行为”作为参照组，分析意愿转化行为的影响因素。并运用多分类 Logistic 回归分析方法对模型进行拟合。

（1）模型检验。从表 4-9 可以看出，当“无意愿无行为”即“0”作为参照时，模型引入常数项后，对数似然值从 1964.814 减少至 1435.540，P 值为 0，表明至少有一个解释变量的偏回归系数不等于 0，模型具有统计意义，用于检验假设的统计量具有可靠性；同理，当“有意愿无行为”即“1”作为参照时，同样满足以上条件，具有统计意义。

表 4-9 模型拟合信息

参照组	模型形式	对数似然值	卡方值	自由度	P 值
“无意愿无行为”	只有常数项的模型	1 964.814	—	—	—
	最终模型	1 435.540	529.274	36	0.000
“有意愿无行为”	只有常数项的模型	795.588	—	—	—
	最终模型	585.284	210.304	18	0.000

拟合优度检验结果显示，皮尔逊与偏差相关系数对应的 P 值均大于 0.05，进一步验证了模型拟合良好（表 4-10）。

表 4-10 拟合优度检验

参照组	相关系数	卡方值	自由度	P 值
“无意愿无行为”	皮尔逊	1 736.312	1 768	0.700
	偏差	1 435.540	1 768	1.000
“有意愿无行为”	皮尔逊	544.130	568	0.758
	偏差	585.284	568	0.299

（2）结果分析。回归结果分为三类，第一类为养殖户“有无意愿”的回归结果（模型Ⅰ），主要分析影响养殖户治理意愿形成的因素；第二类为养殖户“有无行为”的回归结果（模型Ⅱ），主要分析影响养殖户治理行为形成的因素；第三类为养殖户“意愿转化行为”的回归结果（模型Ⅲ），主要分析养殖户在具有治理意愿的前提下，促使其意愿向行为转化的影响因素，具体如表 4-11 所示。

①个体特征。养殖户的年龄对于其粪污治理意愿与行为具有正向影响，但对于其意愿向行为转化影响不显著；养殖年限对养殖户的粪污治理行为及意愿转化行为具有显著的负向影响，表明养殖年限越长，养殖户的治理意愿与治理行为一致性的概率越小，越不利于治理行为的发生。可能的原因是养殖年限越长的养殖户受传统粪污处理方式的影响，会抑制其对粪污处理设施的资金投入。

②生产经营特征。小规模对于治理行为和意愿转化行为具有显著负向影响，符合预期，并在 10%显著性水平下通过检验，表明小规模养殖户的粪污治理意愿与行为一致性的概率相对于其他规模较低；粪污消纳

地面积对养殖户的治理意愿、治理行为影响显著，并且对于意愿转化行为具有显著促进作用，养殖收益对养殖户的治理行为显著正向影响，同样对意愿转化行为具有显著促进作用，符合预期，其中，粪污消纳地面积和养殖收益的意愿转化行为系数分别是0.005和0.002，均在5%显著性水平下通过检验，表明养殖户经营的农田面积越大、养殖收益越高，养殖户进行粪污治理意愿与行为一致性的概率就越大，并且越有利于粪污治理行为的实现。

表4-11 意愿转化行为的模型回归结果

变量类别	有无意愿（模型Ⅰ）（有意愿无行为/无意愿无行为）			有无行为（模型Ⅱ）（有意愿有行为/无意愿无行为）			意愿转化行为（模型Ⅲ）（有意愿有行为/有意愿无行为）		
	系数	标准误	Exp(B)	系数	标准误	Exp(B)	系数	标准误	Exp(B)
个体特征									
年龄	0.023*	0.012	1.023	0.022*	0.013	1.023	-0.003	0.013	0.997
文化程度	0.256	0.242	1.292	0.430	0.266	1.538	0.124	0.259	1.132
养殖年限	-0.018	0.016	0.983	-0.046***	0.018	0.955	-0.032**	0.017	0.968
生产经营特征									
小规模	-0.081	0.218	0.922	-0.508*	0.265	0.601	-0.522*	0.279	0.593
大规模	-0.006	0.435	0.994	0.164	0.378	1.179	-0.001	0.439	0.999
与村庄距离	-0.001***	0.0002	0.999	-0.001***	0.000	0.999	-0.0002	0.0003	1.000
粪污消纳地面积	0.007**	0.003	1.007	0.013***	0.003	1.013	0.005**	0.003	1.005
养殖净收益	0.001	0.001	1.001	0.003**	0.001	1.003	0.002**	0.001	1.002
行为态度									
周围环境污染	0.625***	0.228	1.868	0.704***	0.266	2.022	0.104	0.281	1.109
对猪生长影响	0.699***	0.257	2.011	0.502*	0.302	1.652	-0.150	0.318	0.861
对人体健康影响	0.376	0.263	1.457	0.734**	0.334	2.083	0.340	0.346	1.405
主观规范									
周边群众舆论	0.649***	0.219	1.914	0.974***	0.260	2.647	0.414*	0.240	1.513
感知行为控制									
粪污处理技术	0.299	0.217	1.349	0.961***	0.239	2.615	0.650***	0.229	1.915
粪污处理经济条件	0.312	0.215	1.366	0.706***	0.227	2.026	0.389*	0.217	1.475

（续表）

变量类别	有无意愿（模型Ⅰ）（有意愿无行为/无意愿无行为）			有无行为（模型Ⅱ）（有意愿有行为/无意愿无行为）			意愿转化行为（模型Ⅲ）（有意愿有行为/有意愿无行为）		
	系数	标准误	Exp (B)	系数	标准误	Exp (B)	系数	标准误	Exp (B)
引导性规制									
粪污治理宣传	0.358	0.217	1.430	0.646***	0.243	1.907	0.381	0.243	1.464
粪污处理相关培训	0.430*	0.261	1.537	1.047***	0.265	2.850	0.653***	0.247	1.920
环境规制									
政府补贴	0.559	0.698	1.748	3.212***	0.566	24.828	2.649***	0.463	14.136
政府监管	0.376	0.229	1.457	1.294***	0.310	3.649	0.954***	0.307	2.595
常量	-3.429***	0.653		-5.442***	0.785		-2.124	0.757	
样本量		558			661			587	

注：***、**、*分别表示1%、5%、10%的统计显著性水平，标准误为稳健标准误，Exp为相对风险比率。

③行为态度。周围环境污染认知、对猪生长影响认知的意愿与行为的回归系数方向为正，并且均通过显著性检验，符合预期。表明养殖户对粪便污染环境的认知以及对猪生长影响的认知有利于激发其治理意愿和行为的发生，但对于治理意愿向治理行为转化的作用不显著。

④主观规范。周边群众舆论对养殖户的粪污治理意愿、治理行为、意愿转化行为均有显著正向影响，符合预期。表明群众舆论监督越强烈，养殖户的治理意愿与行为的一致性的概率越高，越有利于粪污治理行为的发生。

⑤感知行为控制。粪污处理技术对意愿转化行为的影响显著为正，符合预期。表明养殖户对粪污处理技术越了解，其治理意愿与行为的一致性的概率越高；粪污处理经济条件的回归系数为0.389，表明若养殖户具备粪污处理经济条件，其治理意愿与行为的一致性的概率将有所提高，符合预期。

⑥引导性规制。粪污处理相关培训对治理意愿、治理行为及意愿转化行为的回归系数均为正，符合预期，并且分别在10%和1%显著性水平下通过检验，符合预期。表明加强对养殖户的粪污处理相关培训能够提高其粪污治理意愿与行为的概率，并促进意愿向行为转化。

⑦环境规制。政府补贴和政府监管对意愿转化行为的回归系数分别为 2.649 和 0.954，均在 1%显著性水平下通过检验，符合预期。表明政府补贴、政府监管能够提高养殖户治理意愿与行为一致性的概率，Exp（*B*）值表明，在其他条件不变的情况下，与没有享受政府补贴或受政府监管的养殖户相比，享受政府补贴或受政府监管的养殖户进行粪污治理的可能性更大，且经济激励型环境规制作用强于命令控制型环境规制的作用，与相关研究结论[178]一致。

4.4.3　基于环境规制视角的政府监管效应

粪污治理的直接利益相关主体主要有地方政府和养殖户。养殖户作为粪污治理最直接的责任主体，其策略选择有两种，即治理与不治理。若养殖户选择不治理粪污，则周围的空气、土壤、水体等受到污染会影响生猪健康养殖甚至造成养殖损失，并且环境污染会破坏周边农村居民的生活环境。地方政府的策略有两种，即采取环境规制和不采取环境规制。当生猪养殖造成农村环境污染或持续恶化，地方政府可能会受到上级部门的处罚，此时，地方政府的最优决策应对养殖户的不治理行为做出响应，地方政府会选择采取环境规制策略引导或督促养殖户进行粪污治理。

关于养殖户粪污治理意愿与行为的一致性特征中存在"无意愿有行为"这一状况，即存在意愿与行为悖离现象，对此，计划行为理论无法进行有效解释说明。出现这一状态的原因更多的是由于外部强制性因素干预导致养殖户的粪污治理行为高于粪污治理意愿，而对养殖户粪污治理"无意愿有行为"影响较直接的外部因素主要来自于政府规制。本节采用倾向得分匹配法（PSM）获得受政府监管养殖户在同一时期反事实状况下的治理行为，并通过分析受监管对象的平均处理效应（ATT）来衡量政府规制对养殖户实施粪污治理行为的影响效应。

4.4.3.1　数据来源与样本特征

数据来源于 2017 年 9 月至 2018 年 1 月在吉林、辽宁两省 9 市 25 县进行实地调研获得的 1 124份有效问卷。结合本节研究需要，共筛选出 537 个"无意愿"养殖户作为有效样本用于实证分析。从表 4-12 中可以看出，未受政府监管养殖户和受政府监管养殖户的年龄、养殖年限、猪场与村庄距离、养殖净收益等特征存在显著性差异。

表 4-12　未受政府监管和受政府监管养殖户的特征

指标	未受政府监管养殖户		受政府监管养殖户		T 值
	均值	标准误	均值	标准误	
年龄	47.355	0.662	45.545	0.465	2.219**
文化程度	0.174	0.029	0.159	0.019	0.452
养殖年限	15.192	0.503	12.797	0.357	3.835***
养殖规模	331.413	39.552	402.463	26.122	-1.520
猪场与村庄距离	236.570	37.752	344.430	29.854	-2.241**
粪污消纳地面积	25.166	3.607	26.172	2.090	-0.256
养殖净收益	179.509	8.555	209.832	5.405	-3.087***
样本量	172		365		

注：***、**、* 分别表示 1%、5%、10%的统计显著性水平。

4.4.3.2　模型估计结果与相关检验

为有效平衡处理组和控制组样本，首先采用 Logit 回归模型将养殖户个体特征和生产经营特征变量纳入模型进行回归，并根据回归系数确定回归模型用于估算样本的倾向得分。然后运用倾向得分进行匹配，检验政府监管对养殖户治理行为的净效应。

(1) 样本的倾向得分匹配。通过对比匹配前后未受政府监管养殖户和受政府监管养殖户的倾向得分密度函数图来检验匹配效果，匹配前后结果如图 4-3 所示。从图中可以看出，匹配前受政府监管养殖户（处理组）的倾向得分明显高于未受政府监管养殖户（控制组）的倾向得分，表明两组样本在个体特征和生产经营特征存在较为明显的差异。匹配后处理组和控制组在倾向得分上的差异减小，两组样本的个体特征和生产经营特征差异较小。

(2) 倾向得分匹配结果的平衡性检验。采用最近邻匹配法对养殖户特征变量进行匹配（表 4-13）。从表中可以看出，匹配后表征养殖户个体特征的 7 个特征变量的标准偏差绝对值均小于 10%，对比匹配前的结果，大多数变量的标准化偏差均大幅缩小，且 t 检验的 P 值均大于 0.1，不拒绝原假设，即处理组与控制组不存在系统性差异。可以推断样本匹配通过了平衡性检验，模型的匹配变量与估计方法适合本研究。

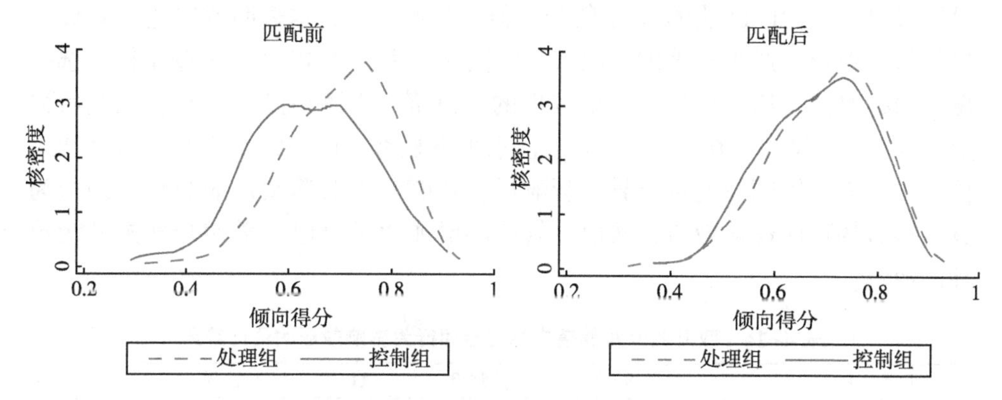

图 4-3　样本匹配前后的核密度图

表 4-13　倾向得分匹配结果的平衡性检验

样本		均值		t 检验		标准化偏差（%）
		处理组	控制组	t	P>|t|	
年龄	匹配前	45.545	47.355	-2.22	0.027	-20.6
	匹配后	45.617	45.435	0.28	0.782	2.1
文化程度	匹配前	0.159	0.174	-0.45	0.651	-4.2
	匹配后	0.160	0.129	1.16	0.246	8.1
养殖年限	匹配前	12.797	15.192	-3.83	0.000	-35.7
	匹配后	12.835	13.039	-0.42	0.675	-3.0
养殖规模	匹配前	402.460	331.410	1.52	0.129	14.0
	匹配后	402.480	379.680	0.58	0.564	4.5
猪场与村庄距离	匹配前	344.430	236.570	2.13	0.034	20.2
	匹配后	340.760	339.270	0.03	0.973	0.3
粪污消纳地面积	匹配前	26.172	25.166	0.26	0.798	2.3
	匹配后	26.110	28.911	-0.72	0.475	-6.4
养殖净收益	匹配前	209.830	179.510	3.09	0.002	28.1
	匹配后	207.960	207.390	0.07	0.946	0.5

注："匹配前"指实施倾向得分匹配前的样本，"匹配后"指进行 k 近邻匹配后的样本；"处理组"和"控制组"分别指受政府监管和未受政府监管的养殖户。

（3）倾向得分匹配的估计结果。通过 PSM 估计政府监管对养殖户粪污治理行为的处理效应。首先运用最近邻匹配法进行估计，并同时运用半径匹配、核匹配和马氏匹配法对估计结果的稳健性进行检验（表 4-14）。从表中可以看出，四种匹配法的 ATT 值为正值，且均显著，这表明政府监管对养殖户粪污治理行为产生显著的挤出效应。同时，表明了 PSM 方法修正样本选择偏误的必要性。通过最近邻匹配得出的 ATT 值在匹配前为 0.255，匹配后减少至 0.248，并且均在 1%统计显著性水平下显著。研究结果表明，通过 PSM 估计，在消除组间协变量差异的影响后，政府监管对养殖户的粪污治理行为具有显著的正向影响效应，政府监管能够增加“无意愿”养殖户实施粪污治理的数量。

表 4-14　政府监管对养殖户粪污治理行为影响效应的估计结果

匹配方法		处理组	控制组	ATT	标准误	*T* 值
—	匹配前	0.493	0.238	0.255	0.044	5.76***
最近邻匹配[a]	匹配后	0.496	0.248	0.248	0.047	5.23***
半径匹配[b]	匹配后	0.496	0.254	0.242	0.048	5.03***
核匹配[c]	匹配后	0.493	0.262	0.231	0.045	5.13***
马氏匹配[d]	匹配后	0.493	0.310	0.184	0.057	3.23***

注：*** 表示 1%的统计显著性水平。*a* 最近邻匹配的近邻个数为 4；b 半径匹配中匹配半径为 0.01；c 默认二次核，带宽为 0.06；d 近邻个数为 4。

4.5　不同规模养殖户粪污治理行为影响因素分析

粪污治理问题最终落脚在养殖户的治理行为是否发生，前文对养殖户治理意愿与行为的差异性进行了分析，本节将对不同规模养殖户的治理行为及影响因素进行分析。在开展研究之前，为分析大、中、小不同规模养殖户治理行为提供分组依据，首先对不同规模样本之间的差异性进行检验。样本间差异性检验的方法多为单因素方差分析或独立样本 t 检验，鉴于研究样本规模分类大于 2，有小规模、中规模、大规模 3 类，为便于比较，选用单因素方差分析法检验样本间的差异性，结果如表 4-15 所示，方差检验 F 值为 43.05，P 值小于 0.05，可以认为其中至少两类样本间存在显著差异。

表 4-15　方差分析结果

	平方和	自由度	均方	*F* 值	*P* 值
组间	20.04	2	10.02	43.05	0.00
组内	260.94	1 121	0.23		
总数	280.99	1 123			

4.5.1　小规模养殖户粪污治理行为影响因素

4.5.1.1　小规模养殖户粪污治理行为影响因素回归分析

利用 Logit 模型对小规模养殖样本数据进行回归分析，结果见表 4-16。从表 4-16 中可以看出模型似然比检验卡方值相对较大，并且模型的似然比统计量在 1%的显著性水平上通过显著性检验，表明模型拟合程度较高，回归结果具有较强的说服力。模型估计结果具体如下。

（1）个体特征。养殖年限对小规模养殖户的粪污治理行为影响显著为负。表明小规模养殖户养殖年限越长，受过去传统的粪污处理方式影响，越不利于养殖户进行粪污治理，其治理行为就越弱，与已有研究结论一致[68]。

（2）生产经营特征。①粪污消纳地面积正向显著影响治理行为。表明养殖户经营农田面积越大，其粪污治理行为发生的可能性越大。原因是种养结合是小规模养殖户采用的较为普遍的粪污处理模式，因此，需要配套相应面积的农田消纳粪污，农田面积越大，对粪污的需求量也越大，养殖户进行粪污治理的可能性就越大。②养殖净收益对小规模养殖户的粪污治理行为显著正向影响。资金问题是制约养殖户进行粪污治理的主要问题，养殖收入越高，养殖户用于粪污治理的可支配收入越多，治理行为发生的可能性就越大。

（3）主观规范。周边群众舆论对小规模养殖户的粪污治理行为显著正向影响，符合预期。表明周边群众对猪场污染环境的意见越大，养殖户治理行为发生的可能性就越大。实地调研得知，猪场周边居民对生活环境质量的要求越来越高，猪场粪污处理不当污染环境，尤其在高温季节蝇虫孳生、恶臭扑鼻，甚至造成地下水污染等，影响周边居民的正常生活时，会对养殖户提出意见或向相关部门进行投诉建议。

（4）环境规制。①政府补贴对小规模养殖户的粪污治理行为有显著正向影响，符合预期。表明补贴对养殖户的粪污治理行为具有较强的激励作用。②政府监管对小规模养殖户的粪污治理行为显著正向影响，符合预期。在粪污治理过程中，政府监管力度越大，养殖户治理行为发生可能性就越大。近年来，政府部门对生猪养殖粪污治理从原来的形式化向现在的实质化进行转变，对养殖户治理行为产生一定作用。

表 4-16　小规模养殖户粪污治理行为影响因素分析结果

变量	系数	标准误	变量	系数	标准误
个体特征			主观规范		
年龄	0.003	0.022	周边群众舆论	0.676*	0.392
文化程度	-0.079	0.568	感知行为控制		
养殖年限	-0.092***	0.031	粪污处理技术	0.623	0.395
生产经营特征			粪污处理经济条件	0.279	0.402
与村庄距离	-0.001	0.001	引导性规制		
粪污消纳地面积	0.021***	0.007	粪污治理宣传	0.554	0.407
养殖净收益	0.004***	0.002	粪污处理相关培训	0.594	0.485
行为态度			环境规制		
周围环境污染认知	0.313	0.438	政府补贴	2.366***	0.681
对猪生长影响认知	0.020	0.465	政府监管	1.049**	0.433
对人体健康影响认知	0.793	0.504	常数项	-3.923***	1.295
似然比检验卡方值			83.58		
P 值			0.000		
R^2			0.281		
样本量			251		

注：***、**、*分别表示1%、5%、10%的统计显著性水平，标准误为稳健标准误。

4.5.1.2　小规模养殖户粪污治理行为影响因素的 ISM 分析

（1）ISM 分析方法。为了进一步分析影响养殖户粪污治理行为各因素之间的层次结构关系，找出影响粪污治理行为的表层直接因素、中层间接因素和深层根源因素，本研究拟引入 ISM 方法分析各影响因素之间的相互关系。ISM 由美国 J. N.沃菲尔德教授于 1973 年提出，主要用于揭示社会经济系统各要素的内在关系结构[179]。其基本步骤如下：

第一步，设定问题 S_0，确定因素集合 S_1，S_2，S_3，...，S_n。

第二步，根据因素间关系，建立因素间的邻接矩阵。假设影响养殖户粪污治理行为的因素有 k 个，用 S_0 表示养殖户的粪污治理行为，S_i（$i=1$，

2，…，k）表示养殖户粪污治理行为的影响因素。在咨询相关专家并进行分析讨论的基础上，确定因素间（含 S_0 和 S_i）是否存在直接或间接的影响，做出影响因素逻辑关系图，进而建立邻接矩阵 R。其中，邻接矩阵 R 的元素 r_{ij} 可定义为：

$$r_{ij} = \begin{cases} 1 \; S_i \text{ 对} S_j \text{ 有影响} \\ 0 \; S_i \text{ 对} S_j \text{ 无影响} \end{cases} (i = 1, 2, \cdots, k; \; j = 1, 2, \cdots, k)$$

公式（4-10）

第三步，依据邻接矩阵 R，由式（4-10）计算得到可达矩阵 M：

$$M = (R+I)^{\lambda+1} = (R+I)^{\lambda} \neq (R+I)^{\lambda-1} \neq \cdots \neq (R+I)^2 \neq (R+I)$$

公式（4-11）

上式中，I 为单位矩阵，$2 \leqslant \lambda \leqslant k$，矩阵的幂由布尔运算法则计算。

第四步，确定各因素的层级。各层级所含因素可以由式（4-12）来确定：

$$L = \{S_i \mid P(S_i) \cap Q(S_i) = P(S_i)\} (i = 1, 2, \cdots, k)$$

公式（4-12）

上式中，$P(S_i)$ 为可达集，包含可达矩阵 M 中 S_i 直接或间接影响的全部要素；$Q(S_i)$ 为先行集，包含可达矩阵 M 中直接或间接影响 S_i 的全部要素。

利用公式（4-12）确定最高层级（L_1）的因素合集，通过删除原可达矩阵 M 中 L_1 层元素对应的行与列，得到新的矩阵并运用同方式运算，得到第二层（L_2）的因素合集。以此类推，得到所有层次的因素合集。

（2）结果分析。用 S_0、S_1、S_2、S_3、S_4、S_5、S_6 分别代表养殖户粪污治理行为、养殖年限、粪污消纳地面积、养殖净收益、周边群众舆论、政府补贴、政府监管。结合实地调查、文献分析和专家咨询得出 6 个影响因素及养殖户是否进行粪污治理之间的逻辑关系图（图 4-4）。其中，"V"表示行因素对列因素有直接或间接影响，"Λ"表示列因素对行因素有直接或间接影响，"0"表示行因素与列因素之间无影响。

根据图 4-4 和公式（4-10）得到影响因素间的邻接矩阵 R，然后根据公式（4-11）借助 Matlab 7.0 求得可达矩阵 M。

A	A	A	A	A	A	S_0
0	0	0	V	0	S_1	
0	0	0	0	S_2		
0	A	0	S_3			
0	0	S_4				
0	S_5					
S_6						

图 4-4　小规模养殖户粪污治理行为影响因素间的逻辑关系

$$
R = \begin{matrix} S_1 \\ S_2 \\ S_3 \\ S_4 \\ S_5 \\ S_6 \end{matrix}\begin{bmatrix} 1 & 0 & 1 & 0 & 0 & 0 \\ 0 & 1 & 0 & 0 & 0 & 0 \\ 0 & 0 & 1 & 0 & 0 & 0 \\ 0 & 0 & 0 & 1 & 0 & 0 \\ 0 & 0 & 1 & 0 & 1 & 0 \\ 0 & 0 & 0 & 0 & 0 & 1 \end{bmatrix} \qquad M = \begin{matrix} S_1 \\ S_2 \\ S_3 \\ S_4 \\ S_5 \\ S_6 \end{matrix}\begin{bmatrix} 1 & 0 & 1 & 0 & 0 & 0 \\ 0 & 1 & 0 & 0 & 0 & 0 \\ 0 & 0 & 1 & 0 & 0 & 0 \\ 0 & 0 & 0 & 1 & 0 & 0 \\ 0 & 0 & 1 & 0 & 1 & 0 \\ 0 & 0 & 0 & 0 & 0 & 1 \end{bmatrix}
$$

对于可达矩阵，首先得到 $L_1 = \{S_0\}$ ，然后结合公式（4-12）确定各层次的影响因素，$L_2 = \{S_2, S_3, S_4, S_6\}$ ，$L_3 = \{S_1, S_5\}$ 。基于此，将影响大规模养殖户粪污治理行为的 6 个影响因素划分为两个层次：第一层为粪污消纳地面积、养殖净收益、周边群众舆论、政府监管，即表层直接因素。第二层为养殖年限、政府补贴，即深层根源因素。影响因素之间的关联与层次结构如图 4-5 所示。

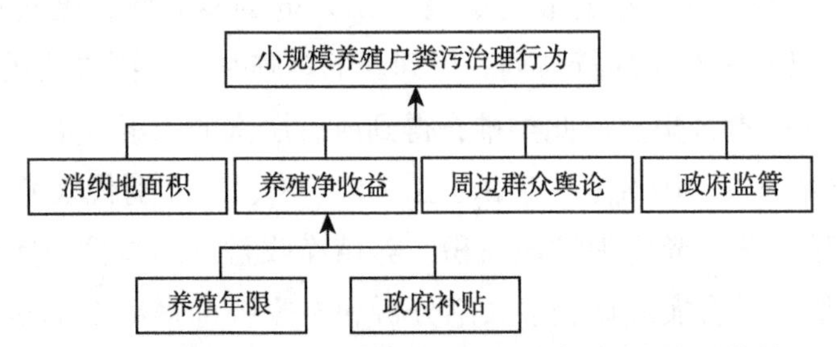

图 4-5　小规模养殖户粪污治理行为影响因素间的解释结构模型图

4.5.2　中规模养殖户粪污治理行为影响因素

4.5.2.1　中规模养殖户粪污治理行为影响因素回归分析

利用 Logit 模型对中规模养殖样本数据进行回归分析，结果见表 4-17。

从表中可以看出，模型似然比检验卡方值相对较大，并且模型的似然比统计量在 1%的显著性水平上通过显著性检验，表明模型拟合程度较高，回归结果具有较强的说服力。模型估计结果具体如下。

（1）个体特征。养殖年限对中规模养殖户的粪污治理行为影响显著为负。表明中规模养殖户养殖年限越长，其治理行为越弱，主要表现为受过去传统的粪污处理方式影响，不利于养殖户进行粪污处理设施的资金投入。

（2）生产经营特征。①猪场与村庄距离对中规模养殖户的粪污治理行为显著负向影响。即猪场与村庄距离越近，养殖户的治理行为发生可能性越大。可能的原因是中规模养殖粪污产生量大，若不有效处理，则对周边环境影响大，进而影响周边居民生活，养殖户更倾向于参与粪污治理。②粪污消纳地面积正向显著影响中规模养殖户的粪污治理行为，表明养殖户经营农田面积越大，其粪污治理行为发生可能性越大。

（3）行为态度。“对人体健康影响认知”对中规模养殖户的粪污治理行为显著正向影响，符合预期。表明养殖户在感知到粪便污染损害人体健康时，其治理行为就越明显。实地调研中发现，养殖户也越来越重视人居环境，希望通过采取措施防治环境污染，减少或避免粪便污染对人体带来的危害。

（4）感知行为控制。①粪污处理技术对中规模养殖户的粪污治理行为影响显著，符合预期。表明养殖户对粪污处理技术越了解，则粪污治理行为发生的可能性就越大。②粪污处理经济条件对中规模养殖户的治理行为显著正向影响，符合预期。当养殖户具备粪污处理经济条件，养殖户通过配套粪污处理设施设备进行粪污处理的概率越大。

（5）引导性规制。①粪污治理宣传对中规模养殖户的治理行为显著正向影响，符合预期。表明粪污治理宣传对养殖户的治理行为起到一定的促进作用。②粪污处理相关培训对中规模养殖户的粪污治理行为发生作用显著正向影响，符合预期。实地调研发现，大多数中规模养殖户希望政府相关部门能够给予粪污治理方面的指导培训，通过培训加深对粪污治理的认知，有利于激发养殖户治理粪污的积极性。

（6）环境规制。政府补贴对养殖户的治理行为显著正向影响，符合预期。表明补贴对养殖户进行粪污治理具有较强的激励作用。

表 4-17　中规模养殖户粪污治理行为影响因素分析结果

变量	系数	标准误	变量	系数	标准误
个体特征			主观规范		
年龄	0.011	0.010	周边群众舆论	0.222	0.198
文化程度	0.051	0.222	感知行为控制		
养殖年限	-0.026*	0.014	粪污处理技术	0.611***	0.185
生产经营特征			粪污处理经济条件	0.382**	0.179
与村庄距离	-0.0003*	0.0002	引导性规制		
粪污消纳地面积	0.005**	0.002	粪污治理宣传	0.515***	0.198
养殖净收益	0.001	0.001	粪污处理相关培训	0.720***	0.194
行为态度			环境规制		
周围环境污染认知	0.120	0.211	政府补贴	4.212***	1.018
对猪生长影响认知	0.108	0.258	政府监管	0.286	0.246
对人体健康影响认知	0.479*	0.266	常数项	-2.203***	0.596
似然比检验卡方值			214.87		
P 值			0.000		
R^2			0.205		
样本量			759		

注：***、**、*分别表示1%、5%、10%的统计显著性水平，标准误为稳健标准误。

4.5.2.2　中规模养殖户粪污治理行为影响因素的 ISM 分析

用 S_0、S_1、S_2、S_3、S_4、S_5、S_6、S_7、S_8、S_9分别代表养殖户粪污治理行为、养殖年限、猪场与村庄距离、粪污消纳地面积、对人体健康影响认知、粪污处理技术、粪污处理经济条件、粪污治理宣传、粪污处理相关培训、政府补贴。结合实地调查、文献分析和专家咨询得出 9 个影响因素及养殖户是否进行粪污治理之间的逻辑关系图（图 4-6）。其中，“V”表示行因素对列因素有直接或间接影响，“A”表示列因素对行因素有直接或间接影响，“0”表示行因素与列因素之间无影响。

根据图 4-6 及公式（4-10）得到各影响因素之间的邻接矩阵 R，然后依据公式（4-11）计算得出影响因素的可达矩阵 M。

A	A	A	A	A	A	A	A	A	S_0
0	0	0	V	0	0	0	0	S_1	
0	0	0	0	0	0	0	S_2		
0	0	0	0	0	0	S_3			
0	A	A	0	V	S_4				
0	A	0	0	S_5					
A	0	0	S_6						
0	0	S_7							
0	S_8								
S_9									

图 4-6　中规模养殖户粪污治理行为影响因素间的逻辑关系

$$
R = \begin{matrix} S_1 \\ S_2 \\ S_3 \\ S_4 \\ S_5 \\ S_6 \\ S_7 \\ S_8 \\ S_9 \end{matrix}
\begin{bmatrix}
1 & 0 & 0 & 0 & 0 & 1 & 0 & 0 & 0 \\
0 & 1 & 0 & 0 & 0 & 0 & 0 & 0 & 0 \\
0 & 0 & 1 & 0 & 0 & 0 & 0 & 0 & 0 \\
0 & 0 & 0 & 1 & 1 & 0 & 0 & 0 & 0 \\
0 & 0 & 0 & 0 & 1 & 0 & 0 & 0 & 0 \\
0 & 0 & 0 & 0 & 0 & 1 & 0 & 0 & 0 \\
0 & 0 & 0 & 1 & 0 & 0 & 1 & 0 & 0 \\
0 & 0 & 0 & 1 & 1 & 0 & 0 & 1 & 0 \\
0 & 0 & 0 & 0 & 0 & 1 & 0 & 0 & 1
\end{bmatrix}
\qquad
M = \begin{matrix} S_1 \\ S_2 \\ S_3 \\ S_4 \\ S_5 \\ S_6 \\ S_7 \\ S_8 \\ S_9 \end{matrix}
\begin{bmatrix}
1 & 0 & 0 & 0 & 0 & 1 & 0 & 0 & 0 \\
0 & 1 & 0 & 0 & 0 & 0 & 0 & 0 & 0 \\
0 & 0 & 1 & 0 & 0 & 0 & 0 & 0 & 0 \\
0 & 0 & 0 & 1 & 1 & 0 & 0 & 0 & 0 \\
0 & 0 & 0 & 0 & 1 & 0 & 0 & 0 & 0 \\
0 & 0 & 0 & 0 & 0 & 1 & 0 & 0 & 0 \\
0 & 0 & 0 & 1 & 1 & 0 & 1 & 0 & 0 \\
0 & 0 & 0 & 1 & 1 & 0 & 0 & 1 & 0 \\
0 & 0 & 0 & 0 & 0 & 1 & 0 & 0 & 1
\end{bmatrix}
$$

对于可达矩阵，首先得到 $L_1 = \{S_0\}$ ，然后结合公式（4-12）确定各层次的影响因素，$L_2 = \{S_2,\ S_3,\ S_5,\ S_6\}$ ，$L_3 = \{S_1,\ S_4,\ S_9\}$ ，$L_4 = \{S_7,\ S_8\}$ 。基于此，将影响大规模养殖户粪污治理行为的 9 个影响因素划分为 3 个层次：第一层为猪场与村庄距离、粪污消纳地面积、粪污处理技术、粪污处理经济条件，即表层直接因素；第二层为养殖年限、对人体健康影响认知、政府补贴，即中层间接因素。第三层为粪污治理宣传、粪污处理相关培训，即底层根源因素。影响因素间的关联与层次结构如图 4-7 所示。

4.5.3　大规模养殖户粪污治理行为影响因素

4.5.3.1　大规模养殖户粪污治理行为影响因素回归分析

利用 Logit 模型对大规模养殖样本数据进行回归分析，结果见表 4-18。从表中可以看出，模型似然比检验卡方值相对较大，并且模型的似然比统计

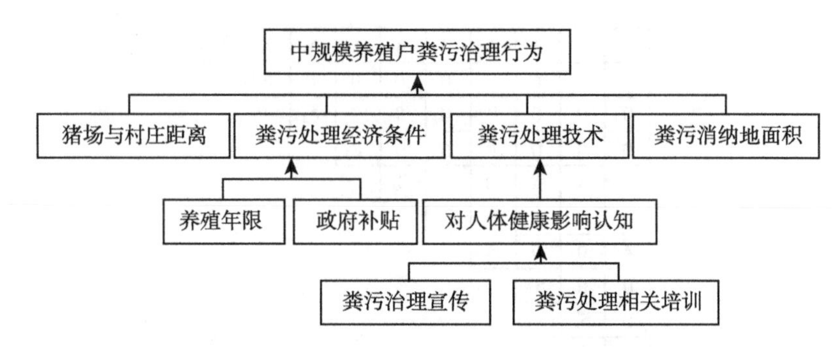

图 4-7　中规模养殖户粪污治理行为影响因素间的解释结构模型图

量在 1%的显著性水平上通过显著性检验，表明模型拟合程度较高，回归结果具有较强的说服力。模型估计结果具体如下。

（1）养殖年限对大规模养殖户的治理行为显著正向影响，与中小规模相反。可能的原因是，一方面国家较早开始重视生猪养殖粪污治理，且倾向于对大规模养殖粪污的防治；另一方面大规模集约化养殖通过粪污处理利用获得效益明显，因此，养殖年限越长的养殖户进行粪污治理的可能性就越大。

表 4-18　大规模养殖户粪污治理行为影响因素分析结果

变量	系数	标准误	变量	系数	标准误
个体特征			**主观规范**		
年龄	-0.037	0.050	周边群众舆论	0.349	1.073
文化程度	-1.059	1.065	**感知行为控制**		
养殖年限	0.145*	0.084	粪污处理技术	0.859	1.064
生产经营特征			粪污处理经济条件	1.395	1.248
与村庄距离	-0.0003	0.001	**引导性规制**		
粪污消纳地面积	0.017	0.011	粪污处理相关培训	1.185	1.007
养殖净收益	0.009**	0.005	**环境规制**		
行为态度			政府补贴	3.666***	1.277
周围环境污染认知	2.590**	1.153	政府监管	1.666	1.057
对猪生长影响认知	1.471	1.669	常数项	-7.456**	3.200
对人体健康影响认知	0.485	1.508			
似然比检验卡方值	87.65				
P 值	0.000				
R^2	0.667				
样本量（个）	114				

注：***、**、* 分别表示 1%、5%、10%的统计显著性水平，标准误为稳健标准误。

（2）养殖净收益对大规模养殖户的治理行为显著正向影响，符合预期。表明对于大规模养殖户来说，资金仍是制约其进行粪污治理的主要问题，养殖收入越高，养殖户用于粪污治理的可支配收入越多，治理行为发生的可能性就越大。

（3）周围环境污染认知对大规模养殖户的治理行为显著正向影响，符合预期。表明当养殖户认为粪便处理不当对周围环境造成污染时，养殖户通过配套粪污处理设施设备治理粪污的概率就越大。

（4）政府补贴对大规模养殖户的粪污治理行为的影响显著为正，符合预期。

4.5.3.2　大规模养殖户粪污治理行为影响因素的 ISM 分析

由 Logistic 模型分析结果可知，影响大规模养殖户粪污治理行为的因素有 4 个，分别用 S_0表示养殖户的粪污治理行为，S_1表示养殖年限，S_2表示养殖净收益，S_3表示周围环境污染认知，S_4表示政府补贴。结合实地调查和专家咨询得出 4 个影响因素及养殖户是否进行粪污治理之间的逻辑关系图（图 4-8）。其中，“V”表示行因素影响列因素，“A”表示列因素影响行因素，“0”表示行因素与列因素之间无影响。

A	A	A	A	S_0
0	0	V	S_1	
A	0	S_2		
0	S_3			
S_4				

图 4-8　大规模养殖户粪污治理行为影响因素间的逻辑关系

根据图 4-8 及公式（4-10）得到各影响因素之间的邻接矩阵 R，然后依据公式（4-11）计算得出影响因素的可达矩阵 M。

$$R=\begin{matrix}S_1\\S_2\\S_3\\S_4\end{matrix}\begin{bmatrix}1&1&0&0\\0&1&0&0\\0&0&1&0\\0&1&0&1\end{bmatrix}\qquad M=\begin{matrix}S_1\\S_2\\S_3\\S_4\end{matrix}\begin{bmatrix}1&1&0&0\\0&1&0&0\\0&0&1&0\\0&1&0&1\end{bmatrix}$$

对于可达矩阵，首先得到 $L_1=\{S_0\}$，然后结合公式（4-12）确定各层次的影响因素，$L_2=\{S_2, S_3\}$，$L_3=\{S_1, S_4\}$。基于此，将影响大规模养殖户粪污治理行为的 4 个影响因素划分为两个层次：第一层为养殖净收益、周围环境污染认知，即表层直接因素；第二层为养殖年限、政府补贴，即深层根源因素。影响因素间的关联与层次结构如图 4-9 所示。

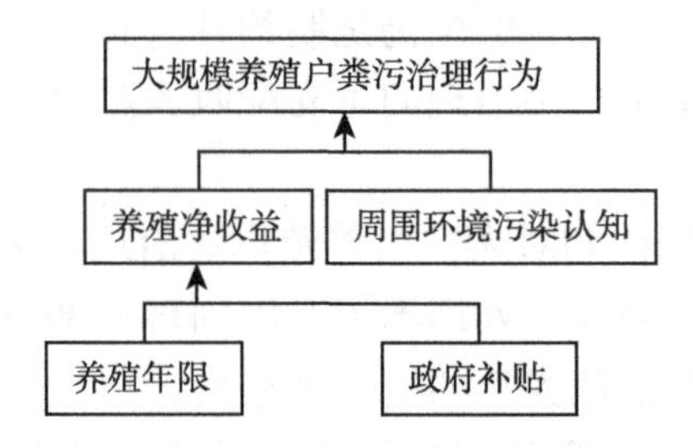

图 4-9　大规模养殖户粪污治理行为影响因素间的解释结构模型图

4.5.4　不同规模养殖户粪污治理行为影响因素比较分析

前文对影响小规模、中规模、大规模养殖户粪污治理行为的关键因素进行了分析，并对影响因素间的层次结构关系进行解释。为了便于进一步直观对比分析，发现影响不同规模养殖户粪污治理行为因素的异同性，笔者对不同规模治理行为影响因素的相关结果进行汇总（表 4-19）。通过对比分析可知，政府补贴成为影响小、中、大规模养殖户治理行为的共同要素，并且对于促进小规模和大规模养殖户实施粪污治理相对更为关键；此外，对于小规模养殖户，除了实施政府补贴、配套粪污消纳地面积、提高养殖收益，还需加强政府监管，同时充分发挥周边群众的舆论监督作用促使养殖户进行粪污治理；而对于中规模养殖户，除了对猪场进行合理布局、实施政府补贴、配套粪污消纳地面积，还需要通过加强粪污治理宣传和培训，提高养殖户对粪便污染影响人体健康的认知及对粪污处理技术的了解。通过对不同规模养殖户粪污治理行为影响因素进行对比分析，为因类制宜制定相关政策、有效实施分级管理提供借鉴和参考。

表 4-19　不同规模养殖户粪污治理行为影响因素

类别	小规模	中规模	大规模
表层直接因素	粪污消纳地面积 养殖净收益 周边群众舆论 政府监管	粪污消纳地面积 猪场与村庄距离 粪污处理经济条件 粪污处理技术	养殖净收益 周围环境污染认知
中层间接因素	—	养殖年限 政府补贴 对人体健康影响认知	—

（续表）

类别	小规模	中规模	大规模
底层根源因素	养殖年限 政府补贴	粪污治理宣传 粪污处理相关培训	养殖年限 政府补贴

4.6　本章小结

本章依据计划行为理论，以吉林、辽宁两省的生猪规模养殖户实地调研数据为基础，运用描述性统计分析、匹配得分模型（PSM）、解释结构模型（ISM）等方法，首先对于养殖户粪污内部化治理意愿与行为的不一致性，分别从意愿转化行为视角和环境规制视角进行解析；然后，分别对不同规模养殖户粪污内部化治理行为的影响因素进行剖析，并在此基础上对影响养殖户内部化粪污治理行为的深层次根源因素进行挖掘。得出以下结论：

（1）总体来看，生猪规模养殖粪污内部化治理意愿不高（52.2%），粪污内部化治理行为发生率更低（50.4%）。从不同规模角度看，治理意愿方面，小、中、大规模养殖户之间差距不大，依次为 47%、53%、58.8%，但在治理行为方面差距较为明显，小、中、大规模养殖户治理行为发生率依次为 27.9%、54.3%、73.7%。可以看出中小规模养殖户的粪污治理行为发生率相对较低。

（2）养殖户的粪污内部化治理意愿与行为之间并不完全一致，且存在一定的差异。如小规模中仍有 58.97%的养殖户有治理意愿却未发生治理行为，而大规模中有 55.32%的养殖户没有治理意愿但却发生了治理行为。从意愿转化行为视角分析发现养殖规模、粪污消纳地面积、养殖净收益、周边群众舆论、粪污处理技术、粪污处理经济条件、粪污处理相关培训、政府补贴和政府监管等对意愿向行为转化具有显著的促进作用，而养殖年限成为其阻碍因素。从环境规制视角分析政府监管对“无意愿有行为”养殖户的影响效应发现，政府监管对养殖户的粪污治理行为具有显著的正向影响效应，并且能够增加“无意愿”养殖户实施粪污治理的数量。

（3）不同规模养殖户粪污内部化治理行为影响因素经解释结构模型分析发现，小规模养殖户的粪污内部化治理行为主要受粪污消纳地面积、养殖净收益、周边群众舆论、政府监管等因素的直接影响，而养殖年限和政府补贴成为影响其行为的根源因素；中规模养殖户的粪污内部化治理行为主要受猪场与村庄距离、粪污处理经济条件、粪污处理技术、粪污消纳地面积等的直接影响，养殖年限、政府补贴、对人体健康影响认知成为影响其行为的间接因素，而粪污治理宣传、粪污处理相关培训成为影响其治理行为的根源因素；大规模养殖户的粪污治理行为主要受养殖净收益、周围环境污染认知等的直接影响，养殖年限、政府补贴是影响其治理行为的根源因素。

第5章　生猪规模养殖户粪污内部化治理与利用的实证分析

前文关于养殖户治理意愿与行为的研究结论为激发养殖户进行粪污治理提供参考。为进一步了解养殖户选择粪污处理利用方式的决策依据，本章运用调研数据实证分析内部化治理下养殖户对不同粪污处理利用方式的选择偏好、采用相应模式的经济效益，探讨其决策因素，并通过案例分析养殖户采用具体粪污处理模式的成本收益状况，阐明养殖户采用粪污内部化治理行为的动力，为部分规模养殖户选择适宜的粪污处理模式提供借鉴。

5.1　分析框架

由于不同粪污处理方式的适用条件各异，则养殖户基于自身利益最大化对粪污处理利用方式的选择就有所不同。那么，养殖户偏好于哪种粪污处理利用方式？受哪些因素的影响？不同处理利用方式下采用相应粪污处理模式的成本收益状况如何？本章将对上述问题展开研究，首先分析养殖户对不同粪污处理利用方式的选择偏好及其影响因素，然后分别以能源化处理和肥料化处理为例，运用成本收益法分析两种案例模式的成本收益情况，通过对比分析两种处理模式的成本与收益，全面评价粪污治理的经济效益，探索养殖户选择适宜粪污处理模式的决策因素及优化方式。

5.2　生猪规模养殖户粪污处理利用方式选择及影响因素

5.2.1　理论分析与研究假设

农户行为理论用于研究生产者行为选择、行为意愿等问题。经济学中的理

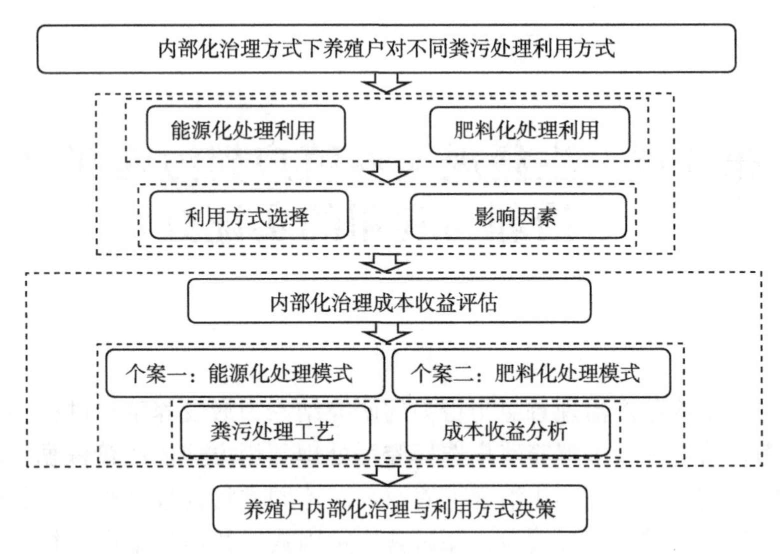

图 5-1　生猪规模养殖户粪污内部化治理与利用分析框架

性选择实际上是自我利益最大化理性假设的规范表述，美国经济学家 Schultz 认为“全世界的农业生产者都在和成本、利润打交道，他们时刻计算着个人收益”。国内诸多学者同样认为农业生产者的生产行为选择是理性的[180,181]，生猪养殖户在粪污处理利用过程中出于利己行为动机的驱动，从而谋求自身利益最大化和成本最小化，其在不确定环境下做出的行为决策是基于自身利益或期望效用的大小而定，是对粪污处理成本与收益进行理性选择的结果。基于理性经济人假设分析养殖户的粪污处理利用方式选择行为特征具有广泛的适用性，可以对广大养殖户选择不同粪污处理利用方式的行为目标做出合理解释。然而，即使研究假定生猪养殖户是理性经济人，但由于不同养殖户受个体特征和外部因素影响，其对粪污处理利用方式的期望收益与其行为选择之间也有所差异，最终影响养殖户选择不同处理利用方式的决策行为。

粪污治理主要是借助粪污处理利用方式得以实现[182]，由于不同规模养殖户的资源禀赋各异，采用的粪污处理处理利用方式不同。陈婷婷等[183]认为沼气工程能为大中型养殖场带来较好的经济效益和环境效益。孔祥才[184]认为生猪粪便转化为沼气或有机肥的收益远高于其他处理方式的收益。沼气工程的经济效益是确保其可持续运行的关键[185]。养殖户在选择粪污处理利用方式时，往往会选择能够带来较大收益或者较少成本的处理方式规避损失，其选择行为是在对信息和环境的不确定性进行分类、整合、加工和处理的基础上，根据自身偏好或认知做出的理性选择行为，表明了人对事物的理解与偏好往往对其选择行为具有较大影响[186]。养殖户通常依据自身对不同粪污处理利用方式的综合考量在选择行为中遵循利益最大化原则。关于粪污处理利用方式选择行为的相关研究，莫海霞等[187]认为粪污处理方式选择与环境污染治理政策、非农收入、播种面积等因素显著相关，且存在地域差异；仇焕广等[71]分析发现环境污染治理政策、养殖规模、人均播种面积、收入水平影响粪污处理方式选择；冯淑怡等[70]认为经济因素和政策因素对养殖户的选择行为发挥着重要作用，宣传、培训等引导性规制的影响并不显著，并且认为不同规模养殖企业选择粪尿处理方式不同；相较于引导性规制，强制性规章制度对养殖户实施粪污治理更为有效。政府补贴将促进养殖户选择更加适宜的粪污处理方式[68]，孔凡斌等[67]认为受教育程度、养殖经验、风险偏好、配套农田面积、养殖规模、污染防治政策等因素对养殖户选择粪污处理方式具有显著影响。

结合调查样本特征，在本节分析中主要考虑能源化和肥料化两种粪污处理利用方式，并将没有进行粪污处理的养殖户作为参照进行分析。

基于相关理论与已有相关研究，将影响养殖户选择肥料化或能源化处理利用方式的因素划分为生产经营特征变量、粪污处理能力感知特征变量、政策变量、意愿特征变量、个体特征变量等，并提出如下假设。

（1）生产经营特征。

①养殖规模。养殖规模越大越倾向于能源化处理。

②养殖净收益。养殖净收益越高，选择肥料化处理或能源化处理的可能性越大。

③粪污消纳地面积。粪污消纳地面积越大，养殖户选择肥料化处理或能源化处理的可能性就越大。

（2）粪污处理能力感知特征。

①粪污能否完全消纳。如果养殖户认为猪场粪污不能被农田完全消纳，则可能选择能源化处理，通过有机质降解减轻粪污消纳压力；若能够被农田完全消纳，则可能继续选择肥料化处理还田利用。

②粪污处理技术。对粪污处理技术的了解影响养殖户粪污处理利用方式的选择，养殖户对粪污处理技术了解得越多，养殖户会倾向于采用肥料化或能源化处理。

③粪污处理经济条件。养殖户是否具备粪污处理的经济条件是采用不同粪污处理利用方式的关键，如果养殖户具备粪污处理的经济条件，选择肥料

化或能源化处理的可能性就越大。

(3) 政策特征。政策特征主要表现为政府补贴，政府补贴能够提高养殖户粪污处理的积极性，享受补贴的养殖户一般会倾向于选择肥料化或能源化处理利用粪污。

(4) 意愿特征。养殖户的意愿在一定程度上影响养殖户进行粪污治理，养殖户通常选择适宜自己猪场的处理方式进行粪污治理，养殖户粪污治理的意愿越高，选择能源化处理或肥料化处理的可能性越大。

此外，个体特征变量，如年龄、文化程度、养殖年限等对养殖户选择不同粪污处理利用方式也具有一定的影响。

5.2.2 粪污处理利用方式的描述性统计

相关数据来源于 2017 年 9 月至 2018 年 1 月在吉林、辽宁两省 9 市 25 县进行实地调研获得的 1 124份有效问卷。调研数据显示，调研区域生猪养殖粪污处理主要有肥料化处理、能源化处理和达标排放 3 种处理方式，共有 566 家养殖户采用相应处理方式进行了粪污治理，其中以肥料化和能源化处理为主[13]，但是，仍有 49.64%的养殖户没有进行粪污全处理。养殖户对粪污处理利用方式的选择主要呈现以下特征（表 5-1）。

从表 5-1 中可以看出，目前，进行粪污治理的大多数养殖户通过肥料化进行粪污治理，占 89.40%，而采用沼气进行能源化处理的仅占 9.01%，通过深度处理进行达标排放的更少，仅占 1.59%。从不同规模角度看，小规模养殖户中，97.14%的养殖户通过肥料化处理还田利用，仅占 2.86%的养殖户采用沼气处理；中规模养殖户中，占 94.17%的养殖户采用了肥料化处理还田利用，采用能源化处理和达标排放处理的养殖户分别占 4.37%和 1.46%；大规模养殖户中，59.52%的养殖户采用肥料化处理还田利用，能源化处理比例占 36.90%，达标排放处理比例占 3.57%。

表 5-1 不同粪污处理利用方式的选择特征

类别	小规模		中规模		大规模		总样本	
	样本数	比例(%)	样本数	比例(%)	样本数	比例(%)	样本数	比例(%)
能源化处理	2	2.86	18	4.37	31	36.90	51	9.01

⑬ 肥料化处理和能源化处理为两种粪污处理利用方式（路径），不讨论具体的处理模式。

（续表）

类别	小规模		中规模		大规模		总样本	
	样本数	比例（%）	样本数	比例（%）	样本数	比例（%）	样本数	比例（%）
肥料化处理	68	97.14	388	94.17	50	59.52	506	89.40
达标排放	0	0.00	6	1.46	3	3.57	9	1.59

总的来看，养殖户选择能源化处理利用和达标排放处理的占比较低，养殖户倾向于选择肥料化处理。随着养殖规模的扩大，选择能源化处理的养殖户有所增加，但仍然占比不高，这可能是因为：一方面沼气处理需要投入高额的成本，超过了养殖户的资金承受能力，尤其是对于中小规模养殖户更为显著；另一方面，由于冬季气候寒冷，不利于粪污发酵，导致沼气处理利用率较低。而粪污经发酵后用作肥料还田是最经济、最普遍的办法[188]，也较为符合种植业需求的特征。

5.2.3　模型构建与变量特征

5.2.3.1　模型构建

对内部化治理下不同粪污处理利用方式的选择分析，采用无序多分类 Logistic 回归模型，即多元选择模型。模型中因变量为多项无序分类变量，又称名义变量，其水平数多于 2 个，因变量水平之间不存在等级递增或递减关系，对多项无序分类的因变量采用 Logistic 回归，是通过拟合广义 Logistic 模型的方法进行。

假若因变量有 n 个状态，首先定义因变量的某一个状态为参照状态，其他各个状态与参照状态相比，拟合 $n-1$ 个（n 为因变量个数）广义 Logistic 回归模型，本节将没有对粪污全处理的养殖户作为参照，定义为“无处理”组。文中无序多分类 Logistic 回归模型因变量共有 3 个状态，分别为无处理、肥料化还田处理、能源化处理 3 个因变量，分别用“0”“1”“2”表示，其中，0、1、2 不表示等级水平，而是无序变量的数值代码，对应取值水平的概率分别为 π_0、π_1、π_2，其中，水平“0”是其他因变量的共同参照水平。对 i 个自变量拟合模型如下：

$$\text{logit}\,\pi_0 = \ln\left(\frac{\pi_0}{\pi_0}\right) = 0 \qquad \text{公式（5-1）}$$

$$\text{logit } \pi_1 = \ln\left(\frac{\pi_1}{\pi_0}\right) = \alpha_1 + \beta_{11} X_1 + \beta_{12} X_2 + \cdots + \beta_{1i} X_i \qquad \text{公式 (5-2)}$$

$$\vdots$$

$$\text{logit } \pi_j = \ln\left(\frac{\pi_j}{\pi_0}\right) = \alpha_j + \beta_{j1} X_1 + \beta_{j2} X_2 + \cdots + \beta_{ji} X_i \qquad \text{公式 (5-3)}$$

$$\text{其中}, \pi_j = P_j(Y = j \mid X) = \begin{cases} \dfrac{1}{1 + \sum_{k=2}^{j} \exp(\beta_k X)} (j = 0) \\ \dfrac{\exp(\beta_j X)}{1 + \sum_{k=2}^{j} \exp(\beta_k X)} (j = 1, 2) \end{cases} \qquad \text{公式 (5-4)}$$

上式中，π 为行为概率函数，$\pi_0 + \pi_1 + \cdots + \pi_j = 1$，$\alpha$ 为常数项，β 是各自变量的回归系数，$X = X_1, X_2, \cdots, X_i$ 代表影响养殖户选择不同粪污处理方式行为决策的变量集。

5.2.3.2 样本描述性统计

本节主要探讨生猪规模养殖粪污内部化治理情况下，养殖户对粪污处理利用方式选择行为及影响因素，自变量主要从五个维度（个体特征、生产经营特征、粪污处理能力感知特征、政策特征、意愿特征）进行分析。由于调研样本中选择达标排放处理的养殖户较少，在本节分析不予考虑，只考虑肥料化处理、能源化处理和无处理 3 种处理方式，其中，肥料化处理样本 506 个、能源化处理样本 51 个、无处理样本 557 个，因此，本节用于分析的样本量为 1 115个。样本描述性统计特征如表 5-2 所示。

表 5-2 样本描述统计

类别	变量	定义及赋值	均值	标准差
个体特征	年龄	受访者实际年龄（岁）	46.441	8.588
	文化程度	高中及以上=1；高中以下=0	0.213	0.410
	养殖年限	从事养猪业时间（年）	13.592	6.718
生产经营特征	小规模	是=1；否=0	0.225	0.418
	中规模	是=1；否=0	0.675	0.468
	大规模	是=1；否=0	0.100	0.300
	养殖净收益	每头猪年均净收益（元）	217.029	109.334
	粪污消纳地面积	养殖户经营农田面积（亩）	32.353	56.364

（续表）

类别	变量	定义及赋值	均值	标准差
粪污处理能力感知特征	粪污能否完全消纳	能=1；不能=0	0.594	0.491
	粪污处理技术	了解=1；不了解=0	0.437	0.496
	粪污处理经济条件	具备=1；不具备=0	0.402	0.490
政策特征	政府补贴	有=1；没有=0	0.144	0.352
意愿特征	治理意愿	愿意=1；不愿意=0	0.522	0.500
地区虚拟变量	省份	辽宁=1；其他=0	0.535	0.499

从个体特征看，主要选择年龄、文化程度和养殖年限作为变量。养殖户的实际年龄平均在 46 岁以上；文化程度集中在高中以下，表明整体上养殖户文化程度偏低；养殖年限平均在 13 年以上，表明大多数养殖户从事生猪养殖年限相对较长，并且经历了生猪养殖发展的多个阶段。

从生产经营特征看，主要以养殖规模、养殖净收益、粪污消纳地面积作为变量。从表 5-2 中可以看出，样本中的中规模养殖户居多，占 67.5%，小规模和大规模养殖户占比较少，呈现“两头小，中间大”现象；养殖净收益均值是 217.029，表明 2017 年养殖户整体上处于盈利状态；粪污消纳地面积均值达到 32.353 亩，表明整体上养殖户具备一定的粪污消纳地面积，但结合前文不同规模分析和实地调研情况可知，养殖户拥有的粪污消纳地面积存在匹配不均衡现象，甚至有些养殖户没有经营农田。

从粪污处理能力感知特征看，粪污能否完全消纳均值是 0.594，表明仍有近 40%的养殖户粪污不能完全消纳；认为了解粪污处理技术的均值是 0.437，表明大部分养殖户不了解粪污处理技术；粪污处理经济条件均值是 0.402，表明仍有近 60%的养殖户不具备粪污处理经济条件。

从政策特征看，政策补贴的均值是 0.144，表明政府对养殖户的补贴普及率偏低，根据调研情况可知，享受政府补贴的养殖户以大规模养殖户为主。

从意愿特征看，治理意愿均值为 0.522，总的来看，养殖户的治理意愿并不强烈。

5.2.4　实证分析结果

结合前文对粪污处理方式的分类与定义，组成该模型的被解释变量共有

“0”“1”“2”三种选择，通过筛选，符合要求样本共1 115个。运用无序多分类 Logistic 回归分析方法对模型进行拟合。

5.2.4.1 模型检验

从表5-3可以看出，当“无处理”即“0”作为参照时，模型引入常数项后，对数似然值从1 886.754减少至1 443.945，P值为0，表明至少有一个解释变量的偏回归系数不等于0，模型具有统计意义，用于检验假设的统计量具有可靠性。

表5-3 模型拟合信息

模型	模型拟合条件	似然比检验		
	对数似然值	卡方值	自由度	P值
仅有截距	1 886.754			
最终模型	1 443.945	442.809	26	0.000

从表5-4拟合优度检验结果显示，皮尔逊与偏差对应的P值均大于0.05，进一步验证了模型拟合良好。

表5-4 拟合优度检验

	卡方值	自由度	P值
皮尔逊	2 242.910	2 202	0.267
偏差	1 443.945	2 202	1.000

5.2.4.2 结果分析

从回归结果看，养殖年限、养殖规模、养殖净收益、粪污消纳地面积、粪污处理技术、粪污处理经济条件、政府补贴、治理意愿等指标对模型的作用具有统计意义（表5-5）。其中，粪污肥料化处理与无处理相比，养殖年限、养殖规模、养殖净收益、粪污消纳地面积、粪污处理技术、粪污处理经济条件、政府补贴、治理意愿是养殖户选择粪污肥料化还田利用方式的显著性影响因素；粪污能源化处理与无处理相比，养殖年限、养殖规模、粪污消纳地面积、粪污处理技术、政府补贴等变量是养殖户选择能源化处理的显著性影响因素。具体如下。

表 5-5　粪污处理利用方式的多元选择估计结果

变量	肥料化处理/无处理			能源化处理/无处理		
	系数	标准误	Exp（B）	系数	标准误	Exp（B）
养殖户个体特征						
年龄	0.008	0.008	1.008	0.014	0.020	1.014
文化程度	-0.065	0.182	0.937	-0.312	0.406	0.732
养殖年限	-0.029***	0.011	0.971	-0.054**	0.024	0.947
生产经营特征						
小规模	-0.978***	0.184	0.376	-1.501*	0.762	0.223
大规模	-0.200	0.303	0.818	1.842***	0.449	6.312
养殖净收益	0.002**	0.001	1.002	0.002	0.002	1.002
粪污消纳地面积	0.005**	0.002	1.005	0.006**	0.003	1.006
处理能力感知特征						
能否完全消纳	0.171	0.152	1.186	-0.035	0.381	0.966
粪污处理技术	0.927***	0.148	2.527	1.437***	0.447	4.206
粪污处理经济条件	0.255*	0.149	1.291	0.577	0.385	1.781
政策变量						
政府补贴	2.924***	0.388	18.617	4.115***	0.510	61.229
意愿特征						
治理意愿	0.358**	0.146	1.431	0.578	0.405	1.783
地区虚拟变量	控制	控制				
常量	-1.031**	0.464		-5.251	1.108	
样本量	1 064			608		

注：***、**、*分别表示 1%、5%、10%的统计显著性水平，标准误为稳健标准误，Exp 为相对风险比率。

（1）个体特征。

①年龄、文化程度。养殖户的年龄和文化程度对其选择肥料化处理和能源化处理的影响均未通过显著性检验，表明养殖户的年龄与文化程度并不是影响其选择的关键因素。

②养殖年限。养殖年限对养殖户选择肥料化处理和能源化处理的影响均通过显著性检验，并且显著为负，表明从事养殖年限越长的养殖户，受以往粗放粪污处理方式习惯的影响，为规避粪污处理带来的成本，从而不愿意选择粪污肥料化或能源化处理，与已有研究结论一致[67,68]。

（2）生产经营特征。

①养殖规模。小规模的回归系数分别为-0.978和-1.501，并且均通过显著性检验，表明小规模养殖户更倾向于选择不处理；大规模养殖户在能源化处理选择中在1%水平上显著，且回归系数为1.842，表明与无处理相比，大规模养殖户更倾向于选择能源化处理，符合预期，并与已有研究结论一致[65,70]。

②养殖净收益。养殖净收益对于养殖户选择肥料化处理影响显著为正，并且在5%水平上显著，表明养殖户养殖收益越大，越倾向于选择肥料化处理。

③粪污消纳地面积。粪污消纳地面积对于养殖户选择肥料化处理或能源化处理影响均显著为正，均在5%水平上显著，表明养殖户经营的农田面积越大，选择肥料化处理或能源化处理的可能性就越大，符合预期。

（3）粪污处理能力感知特征。

①粪污能否完全消纳。粪污能否完全消纳感知对于养殖户选择肥料化处理或能源化处理影响不显著。

②粪污处理技术。粪污处理技术对于养殖户选择肥料化处理或能源化处理影响均在1%水平上显著，回归系数分别为0.927和1.437，表明与无处理养殖户相比，养殖户越了解粪污处理技术，其选择肥料化处理或能源化处理可能性越大，符合研究假设，表明粪污处理技术对养殖户实施粪污处理较为关键。

③粪污处理经济条件。粪污处理经济条件感知对于养殖户选择肥料化处理影响在10%水平上显著，回归系数为0.255，表明与无处理养殖户相比，养殖户认为具有粪污处理经济条件，其选择肥料化处理的概率就越大；而对于选择能源化处理的影响不显著。该结论符合养殖户的理性经济人假设，当养殖户对不同粪污处理方式做选择时，更倾向于选择成本投入相对较少的粪污处理方式。

（4）政策变量。政府补贴对于养殖户选择肥料化处理或能源化处理影响均在1%水平上显著，回归系数分别为2.924和4.115，表明与无处理养殖户相比，养殖户若获得政府补贴，其选择肥料化处理或能源化处理概率就越大，符合预期，且在一定程度上证实了资金条件仍然是目前限制养殖户进行粪污处理的关键因素。

（5）意愿特征。粪污治理意愿对于养殖户选择肥料化处理的影响在5%

水平上显著，回归系数为 0.358，这表明与无处理的养殖户相比，具有粪污治理意愿的养殖户更倾向于选择肥料化进行粪污治理，符合预期，而对选择能源化处理的影响不显著，主要是由于能源化处理的成本较高，且对技术具有较高要求。

5.3 不同规模养殖粪污内部化治理成本分析

粪污治理的各个环节均产生相应的费用，养殖户的粪污处理行为受到治理成本的影响[189]，有学者认为，国家扶持政策对不同规模养殖户选择不同粪污处理利用方式具有重要影响，然而，在缺乏外部监管的情况下，具有理性经济人特征的养殖户对粪污处理利用方式的选择更多受粪污治理成本的影响。已有研究对粪污治理成本的核算大多是基于生猪粪便排泄系数计算得出粪污治理的理论成本，与实际产生的粪污治理成本存在较大误差。基于此，鉴于数据的可获得性和完整性，本节运用的成本数据来自调研获得的不同规模养殖粪污治理成本数据，从不同规模生猪养殖粪污治理成本的角度进行分析，力求分析结果的客观性，为进一步研究不同规模养殖户的粪污治理积极性及其对内部化治理方式的行为决策提供支撑。

5.3.1 粪污治理成本核算

粪污治理成本的估算比较复杂，主要原因是采用不同粪污处理方式进行粪污治理时投入的成本不同，并且粪污治理是一个长期过程。关于粪污治理成本的估算方法，主要有基于损失进行估算[118]和基于成本进行估算[190]两种方法，即污染损失法和治理成本法。其中，污染损失法是一种基于环境损害的估价方法，能体现出环境污染对经济发展所造成的影响，但这种方法存在弊端，主要由于造成环境污染损害的原因是多方面的，且具备不稳定性，其可操作性和执行性都较低。然而，治理成本法是基于环保角度对避免环境污染需要支付成本的测算，衡量减少污染达到给定标准所需的费用。优点在于在数据的获取上有较大优势，核算过程简洁、容易理解，核算基础具有一定的客观性，易于操作使用。本研究考虑到数据的可得性和可靠性以及研究时间等因素选择治理成本法对不同养殖规模的粪污治理成本进行分析。

本研究借鉴已有研究[62,191,192]将粪污治理成本分为基础设施建设与相关设备的一次性投入和运行的可变成本等，基础设施与相关设备投入主要包括沉淀池、储存池、沼气池等的建设费用与相关机械设备费用，以及设施设备占用土地租金等，可变成本主要包括人工费用、原料成本、动力费用、设备维护费、水电费等。基于此，将成本科目划分为固定资产折旧、设备维修费、动力费及人工费用等，其中，固定资产折旧采用年限平均法计算，固定资产的折旧年限结合实地调研情况并参考《中华人民共和国企业所得税法实施条例》的规定，建筑物和机械设备折旧年限分别为 20 年和 10 年，残值率按 5%计算。各成本项的具体核算方法如表 5-6 所示。其中，固定资产折旧包括建筑物和机械设备折旧，动力费包括用于粪污处理的机械耗油和电力消耗等费用。

表 5-6　治理成本科目分类

具体科目	计算公式
固定资产折旧	购建价×（1-残值率）/折旧年限
设备维修维护费	固定资产折旧×10%
动力费	各项能源费年均之和
人工费用	人数×单位工资
占地费	年均土地租金
其他	其他费用之和

注：为便于比较不同规模养殖户的成本情况，各成本项均除以猪场年均存栏量。

5.3.2　不同规模养殖粪污治理成本比较

调研获得的 1 124份有效问卷中共有 218 份粪污治理成本数据的有效样本，其中，小规模养殖 19 户，中规模养殖 145 户，大规模养殖 54 户。分别对小、中、大规模养殖户的粪污治理成本科目进行梳理，并对不同规模养殖下粪污治理的平均成本进行核算，结果如表 5-7 所示。总体来看，小规模、中规模、大规模的粪污治理平均成本呈现规模递减，表现出一定的规模效应。

小规模养殖的粪污治理平均成本最高，为 44. 92 元/头，其中，人工成本占比最大，由于小规模养殖的机械化处理水平相对较低，一般通过人工处理的方式处理粪污，人工费用增加。此外，占地费明显高于中规模和大规模养殖户的平均值，表明粪污处理设施用地也是小规模养殖粪污治理过程中存在的重要问题。

中规模养殖的粪污治理平均成本在不同养殖规模中处于中间水平，为

38.02元/头，其中，占比最大的科目是人工费用21.89元/头，其次是固定资产折旧8.35元/头。很可能是因为养殖户在养殖规模扩大的同时粪污处理规模基本保持不变，粪污治理的边际成本大幅度降低。

大规模养殖的粪污治理平均成本相对最低，为31.77元/头，分别比小规模、中规模低13.15元/头、6.25元/头，在粪污治理方面表现出成本优势，其中，固定资产折旧在不同规模养殖中占比最大，为10.48元/头，主要是由于当前畜禽粪污治理高要求背景下环保部门对大规模养殖监管相对最为严格，促使其配备的设施设备更加齐全，导致单位设施成本增加，相应的折旧费增加。此外，粪污处理设施占地费用与小规模、中规模相比也表现出较为明显的优势。

表5-7　不同规模养殖粪污治理平均成本　（单位：元/头）

具体科目	小规模	中规模	大规模
固定资产折旧	8.42	8.35	10.48
设备维修维护费	0.28	0.22	0.26
动力费	4.92	4.32	3.80
人工费用	24.90	21.89	14.76
占地费	5.09	2.51	1.70
其他	1.32	0.74	0.78
合计	44.92	38.02	31.77

5.4　内部化治理与利用案例分析

在生猪养殖由粗放经营向清洁生产经营转型的过程中，粪污治理环节无疑增加了生猪养殖成本，由前文分析结果可知，不同养殖规模的粪污治理成本不同，并且呈现出较为明显的规模经济特征。那么，粪污处理利用方式不同，其粪污治理成本也有所差异。粪污治理作为一种投入产出的经营活动，当这种经营活动所获得的收益无法弥补成本投入时，势必降低养殖户治理粪污的积极性，直接影响粪污治理的经济绩效。如果将粪污治理的投入产出结合起来分析粪污治理的成本收益状况，将有助于优化粪污治理路径、提高粪污治理效率。

5.4.1 内部化治理与利用个案一：能源化处理

生猪养殖粪污的能源化处理主要是指粪污经过厌氧技术处理产生沼气、沼渣、沼液，实现粪污的无害化、资源化利用。其中，沼气可用于生猪养殖照明、热水、做饭等，或者通过提纯天然气销售或者发电并网等，既能解决能源问题，还能获得收入，发酵产生沼渣及通过加水稀释的沼液还田，为农作物生长提供所需的氮、磷、钾等营养元素，减少化肥施用量，为养殖户带来一定的经济效益。本章选择沈阳树新养猪场为案例，科学总结该猪场粪污治理措施，综合目前所拥有的条件状况，运用治理成本法对该猪场的粪污治理成本进行估算，并结合产出数据分析猪场治理粪污的经济收益。通过对沈阳树新养猪场粪污治理个案分析，为我国生猪规模养殖粪污处理模式推广及相关策略制定提供参考。

5.4.1.1 案例猪场概况及粪污治理措施

（1）案例猪场概况。沈阳树新养猪场位于辽宁省沈阳市辽中县养士堡乡腰屯村，猪场全称“沈阳树新畜牧有限公司”，成立于 2007 年 4 月，占地面积 7.97 万 m^2，其中，建筑面积 3.07 万 m^2，粪污设施区占地 1.67 万 m^2。共有猪舍 24 栋，年均存栏 1.5 万头。为解决粪污问题，猪场于 2011 年建设厌氧沼气池处理粪污，并按照“无害化、资源化、生态化”的原则，开展粪污综合利用，逐渐摸索并发展“猪—沼—稻”种养结合的生态循环农业模式，取得了显著成效，并进行了有机水稻认证。该猪场于 2010 年由农业部全国畜牧总站挂牌为“全国猪联合育种协作组”。同时，沈阳树新猪场还是“辽宁省农业产业化重点龙头企业”“沈阳农业大学畜牧兽医学院教学实习基地”。

（2）猪场粪污治理措施

①沼气工程实现粪污无害化处理。猪场建有厌氧发酵池 24 座，单座规格为 4m×12m×3.5m，单座容积 168m^3，共 4 032m^3，每座厌氧池均配有一个 10m^3的红泥沼气袋用于沼气收集与缓存。考虑到北方冬季温度较低影响产气，发酵池均建在大型猪舍内，厌氧池容积的 2/3 位于地上，建筑墙体用保温材料，不留窗口，猪舍内安装大型空气净化系统、通风系统、温控系统及照明系统，舍内最低温度在 18℃以上，保证厌氧发酵池在寒冷的冬季能正常运行。沼气一部分用于发电自用，剩余部分用于猪场和生活用气；沼渣用于有机肥生产，沼液用于周边水田的水稻种植。

②种养结合，走生态有机循环之路。生猪排泄的粪尿和冲洗水进入沼气治理工程处理后，产生沼液中含有可被作物直接吸收的氮、磷、钾等营养元素，有钙、锰、锌、钼等微量元素，有氨基酸、生长素、赤霉素等许多生物活性物质。沈阳树新养猪场经沼气处理产生的沼液用于流转 1 500亩的水稻种植，实现种养结合的生态循环农业的模式。农田长期施用沼液可促进土壤团粒结构的形成，增进土壤的保肥保水能力，改善土壤的理化性状，用于水稻作物，牛长强壮、翠绿挺拔、分蘖多、植株根系粗壮发达，生产出品质较好的水稻，是生产绿色有机水稻的理想肥料。沼液带来的经济效益可解决现代化农业生产的污染问题，实现“猪—沼—稻”的生态有机循环，促进农业可持续的发展。

③利用生物技术手段，粪便干物质制作生物有机肥。沈阳树新养殖场建有 2 个有机肥厂，年产有机肥能力达 3 000多 t，粪便干物质和沼渣成为供应有机肥生产的主要原料。养殖场经过引进、吸收、创新、研发出一套达到国际先进水平的粪污高效利用生态处理系统，减少养猪场有机养分的损失浪费，降低生产成本，提高有机肥料生产效率。

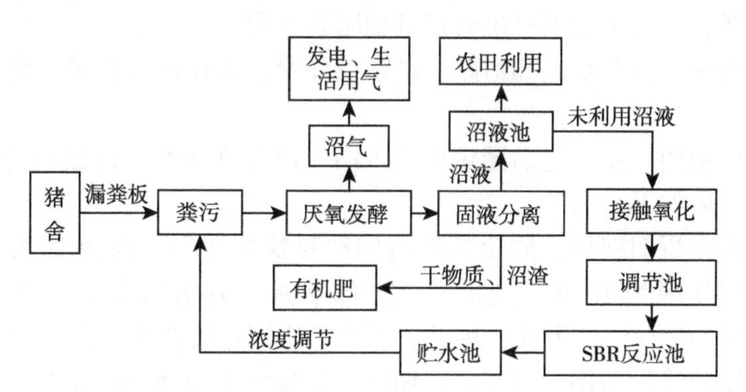

图 5-2　沈阳树新养猪场沼气处理粪污工艺流程⑭

5.4.1.2　案例猪场粪污治理与利用的成本收益

粪污治理成本核算方法在本章 5.3 节已进行详细阐述。以沼气工程为纽带的粪污处理收入主要包括产生的沼气、沼液和沼渣以自用或出售的方式带来的经济效益。沼气工程作为有效处理生猪粪污的技术措施，养殖户可通过沼气工程应用获得粪污处理的收入[193-195]。运用沼气技术处理粪污不仅有利

⑭　SBR（sequencing batch reactor）序批式反应器，一种处理污水的工艺。

于减少外部环境污染，产生的沼气还能够增加能源供给[196-198]，沼渣沼液还田作为种植业生产所需的肥料。李鹏等[199]认为沼气工程能够改变农村地区原有生产、生活能源结构，沼气替代煤炭、农作物秸秆成为主要生活能源，并且能够带来显著的经济效益。一方面，沼气成为主要生活能源后，将会减少对煤炭、电力等商品能源的需求，从而减少了相应的能源开支，等同于增加了收入。另一方面，经过沼气技术处理的沼肥，不仅能够发挥其营养价值，还能使虫卵和有害病菌得到一定的抑制；此外，沼液中含有的刺激类物质能够促进农作物的生长，减少农作物被害虫损害的可能，从而减少了农作物正常所需的农药使用量；沼渣作为肥料还田或者用于生产有机肥。本节对于粪污处理成本收益分析如下。

(1) 成本构成

①建设成本。项目建设总成本 486.37 万元，其中，基本建设费为 344.06 万元，设备购置费为 134.4 万元，其他费用 7.91 万元。具体如下：

基本建设费：包括沉淀池、沼气池、沼液储存池、集水井、接触氧化池、调节池、SBR 池、锅炉房、配电室、安装费等。详见附表 1。

设备费：沼气工程项目主要设备如附表 2 所示。

其他费用：临时水电和道路、勘察设计费、工程保险费等，合计为 7.91 万元。

②运行费用。主要包括固定资产折旧、设备维修费、机械动力费及人员薪资等，具体如下：

固定资产折旧费用：固定资产折旧按建筑物使用年限为 20 年，常用生产设备使用年限为 10 年，残值率⑮为 5%，建筑物折旧费约为 16.34 万元，设备折旧费约为 12.77 万元；因此，得出年均固定资产折旧为 29.11 万元。

设备维修维护费用：沼气运行期间，设备保养或者损坏出现故障造成的维修费用，按固定资产折旧的 10%进行计算，则每年的设备维修维护费用为 2.911 万元。

动力费用：沼气工程日常运行设备用电量（设备功率见附表 3），该工程运行功率约为 64.3kW，均为 380V/220V 低压设备，日耗电量 453kW·h，全年用电量约为 16.53 万 kW·h，按当地电价 0.58 元/（kW·h）计算，全年动力电费约为 9.59 万元。

人员薪资：该项目运行配置 2 人，人均工资 4 000元/月。年均人员薪资

⑮ 固定资产折旧年限及残值率来自《中华人民共和国企业所得税法实施条例》。

费用9.6万元。

此外，粪污设施区占地租赁费800元/（亩·年），粪污设施区占地25亩，计算得出土地租赁费2万元。

该猪场沼气工程分摊每年运行成本约为53.61万元。

（2）收益来源。该沼气工程的经济收益主要包括沼气自用收益、沼渣沼液自用与出售收入。

①沼气收益。每头生猪日产粪尿约6.57kg，其中，粪2.71kg、尿3.86kg[200]。猪粪和猪尿中干物质含量分别占20%和0.4%[201]。计算得出，1.5万头生猪日产干物质总量为8.36t。依据生猪粪尿干物质产气系数为$0.2m^3/kg$[201]，计算出猪场日产沼气量为$1\,672.32m^3$。而根据实际调研情况了解到，由于北方气温影响，厌氧发酵产气受限，该猪场实际日均产气量约为理论产气量的50%。因此，计算出年产沼气量约为30.52万m^3。产生的沼气主要有两种利用方式：一是沼气发电；二是猪场及内部生活用气。

一是沼气发电。该猪场使用的发电机组为1台200kW的燃气发电机，预计发电效率为$1.5kW·h/m^3$，每小时消耗沼气约$140m^3$，每小时发电量约为210kW·h。根据调研访谈可知，由于猪场未实施沼气发电并网，沼气发电均自用于生猪生产和粪污处理需要，用于发电的沼气约占总沼气量的50.19%。该猪场发电机组日均发电时间约为3h，发电机在停止运行期间就能完成检修。因此，发电机组全年运行时间约为1 095h，全年发电量约为23万kW·h。该沼气工程发电均用于猪场生产及粪污处理用电。若发电并网，电价按0.58元/（kW·h）计算，沼气年发电收益为13.34万元。

二是用于猪场及内部生活用气。沼气发电后剩余日均沼气量约为$416.16m^3$，则年均用于猪场及内部生活用气量约为15.2万m^3，主要用于锅炉及生活用气等。若按沼气售价1.2元/m^3计算，剩余沼气收益为18.24万元。

由沼气带来的年均收入为31.58万元。

②有机肥收入。一是沼渣收入，根据猪场相关检测资料显示，沼气池进料的粪污水浓度约为10%，沼气发酵过程中，约占50%的干物质被降解，经固液分离后进入沼液的干物质比例约为20%，则粪便中干物质转化为沼渣的比例约占30%，由于经干湿分离获得的新鲜沼渣有65%的含水率，因此，计算得出日均产沼渣量为7.17t。由于沼渣均用于制作生物有机肥，该猪场制作生物有机肥的沼渣含水率为14%，则猪场用于制作生物有机肥的沼渣年均

产量为1 044.2t。根据调研了解到猪场与有机肥生产独立核算，沼渣销售价格为200元/t，则由沼渣获得的年收入约为20.88万元。二是沼液收入，沼气池进料经过发酵被降解后，沼液日均产量约为72.25t；从该猪场的粪污处理工艺可以看出，部分未利用沼液回流经过接触氧化并利用SBR工艺处理消毒，用于养殖冲洗和调节沼气池进料的粪污水浓度，未利用回流沼液约占10%，由此计算出，年均产沼液量2.37万t。沼液用于猪场流转的1 500亩有机水稻种植，并与周边部分农户签订土地消纳协议。若按照沼液销售的市场价格10元/t计算，则可获得沼液年收入23.7万元。由沼渣和沼液带来的有机肥年均收入为44.58万元。

综上，可以计算出该猪场实施沼气工程的经济收益为76.16万元。

（3）结果分析

①猪场沼气工程的年均经济效益。基于前文成本与收益分析，计算出沼气工程的年利润为22.55万元。从这一结果来看，沈阳树新养猪场沼气工程能够产生一定的经济效益。

②猪场沼气工程的累计经济效益。沈阳树新养猪场沼气工程的累计效益为实施沼气工程处理粪污的累计收益与累计投资成本之差。由前文成本分析可知，该沼气工程投资总成本主要包括基本建设费和设备费用等共486.37万元，后续每年有设备维修费、动力费用、人工薪资和土地租赁费共24.101万元。通过累计经济效益分析，该猪场实施沼气工程处理粪污的前9年累计经济效益均为负值，第10年的累计经济效益才大于0，表明该猪场沼气工程按目前的运营方式经营近10年才能收回投资。

上述分析表明该猪场沼气工程按目前运营方式每年能够带来可观的经济效益，并且通过沼气工程有效处理粪污，实现粪污资源化利用，是实现经济效益和环境保护的有效方式，但通过累计经济效益可知，该猪场沼气工程总的实际经济效益与其运营年限有关。因此，在利用成本收益法分析年均经济效益的基础上，还要对沼气工程的投资回收期进行分析，进而综合分析该猪场沼气工程的经济可行性。

（4）政府补贴的必要性。投资回收期是反映投资项目财务偿还的真实能力和资金周转速度的重要指标，投资回收期越短越好。计算方法有两种计算形式，分别是静态投资回收期和动态投资回收期。其中，动态投资回收期按现值进行计算，能够克服静态投资回收期计算中未考虑货币时间价值的缺陷，对投资回收期的计算更为精确。然而，由于投资回收期的计算并不是本节的重点研究内容，为简化分析，忽略折现率，利用静态投资回收期公式对投资回收期进行估算，计算出该猪场沼气工程的投资回收期为9.34年。可以看出，该猪场沼气工程按目前运营方式运营近10年才能收回投资，实现净收益大于0。但是，一般情况下，当项目投资回收期小于5年，其经济吸引力相对较大[202]。这也与实地调研中养殖户选择能源化处理方式占比较低的情况相一致。

粪污能源化处理虽然能够带来可观的经济效益，但由于初期投资大且投资回收期较长，使得该项目不具备市场机制下的吸引力。同时，由于养殖户的风险承担能力普遍较弱，资金来源渠道单一，融资能力有限，使得养殖户对政府补贴及相关扶持政策的期望值越高[203]。

（5）不同情景下粪污治理收益的敏感性分析。由上述计算结果可以得出，当不考虑该沼气工程处理粪污的环境效益和社会效益时，该猪场进行沼气处理获得年利润为22.55万元。为进一步分析验证前文变量要素对沼气处理粪污收益的变化与影响，将电价、沼气价格、沼渣价格、沼液价格等变量作为敏感性变量，分别验证这些变量对沼气处理粪污收益的变化情况。

①电价变化对收益的影响。按当地电价0.58元/（kW·h）进行计算，沼气发电的年收入为13.34万元，占总收入的17.51%。从表5-8可以看出，电价变化对收益的影响较大，但若能够推行沼气发电上网，则能够促进猪场进行粪污能源化处理的积极性。表5-8中数据显示，当电价由0.65元/（kW·h）降到0.05元/（kW·h）时，沼气工程收益由24.16万元降到10.36万元。

表5-8　电价变化对收益的敏感性分析

	电价［元/（kW·h）］					
	0.65	0.55	0.45	0.35	0.25	0.05
收入（万元）	77.77	75.47	73.17	70.87	68.57	63.97
利润（万元）	24.16	21.86	19.56	17.26	14.96	10.36

②沼气价格变化对收益的影响。由于猪场的沼气工程并未实施发电上网，沼气发电仅用于猪场生产和粪污处理，而剩余沼气用于生猪养殖和生活用气。剩余沼气按1.2元/m^3计算，则带来收益18.24万元，占总收益的23.95%。沼气价格的变化对盈利水平具有一定的影响。结合表5-9可知，当沼气价格从2元/m^3降到0元/m^3，则收益从88.32万元降到57.92万元，利

润从 34.71 万元降到 4.31 万元。

表 5-9 沼气价格变化对收益的敏感性分析

	沼气价格（元/m^3）					
	2	1.6	1.2	0.8	0.3	0
收入（万元）	88.32	82.24	76.16	70.08	62.48	57.92
利润（万元）	34.71	28.63	22.55	16.47	8.87	4.31

③沼渣价格变化对收益的影响。该猪场沼气工程的沼渣收益为 20.88 万元，占总收益的 27.42%。结合表 5-10 可以看出，沼渣价格的变化对盈利水平具有一定的影响。沼渣价格从 200 元/t 下降到 0 元/t，该沼气工程收益从 76.16 万元下降到 55.28 万元，利润从 22.55 万元下降至 1.67 万元。

表 5-10 沼渣价格变化对收益的敏感性分析

	沼渣价格（元/t）					
	200	160	120	80	40	0
收入（万元）	76.16	71.99	67.81	63.63	59.46	55.28
利润（万元）	22.55	18.38	14.20	10.02	5.85	1.67

④沼液价格变化对收益的影响。该猪场沼气工程的沼液收益为 23.7 万元，占总收益的 31.12%。结合表 5-11 可以看出，沼液价格从 15 元/t 下降至 0 元/t，该沼气工程收益从 88.01 万元下降到 52.46 万元，利润从 34.4 万元下降至-1.15 万元。因此，在其他变量不变的情况下，该猪场沼气工程的盈利状态取决于沼液价格及其销售量。

表 5-11 沼液价格变化对收益的敏感性分析

	沼液价格（元/t）					
	15	12	9	6	3	0
收入（万元）	88.01	80.90	73.79	66.68	59.57	52.46
利润（万元）	34.40	27.29	20.18	13.07	5.96	-1.15

5.4.1.3 案例猪场沼气工程可持续运行外部条件

沈阳树新养猪场是沈阳市养殖规模较大，发展相对较好的养殖企业，通过成本收益分析发现，该养殖场的沼气工程能够产生一定的经济效益。但需要考虑的是，该猪场沼气工程的初始固定投资资金主要来源于银行贷款和自有资金，而在核算成本时并未考虑由于贷款带来的银行利息这一隐性成本。如果猪场经营状况不佳，沼气工程的作用将大打折扣，甚至造成资源浪费或者环境污染。沈阳树新养猪场在没有政府补贴和发电上网的支持政策下，沼气工程能够持续运行的外部原因如下。

（1）粪污多元化产品实现猪场综合收益。生产多元化、高附加值产品是提高沼气工程经济效益，保障其持续运行的关键。根据上文收益分析可知，沼气收入仅占总收益的 41.46%，而沼渣销售给有机肥企业经过深加工制成生物有机肥，将沼液销售给种植户作为液态肥，能够实现另外 58.54%的收益。可见沼渣沼液的经济价值在沼气工程收益中占比一半以上。然而，现实中很多养殖场在开发运营沼气工程中通常只重视沼气产品及其价值，认为沼渣沼液是沼气工程的副产品，往往缺乏对沼渣沼液等产品价值的重视，这一观念也与当前沼渣沼液缺乏市场需求支持有较大关系，从而导致沼渣、沼液不能被有效利用从而无法实现其经济价值，甚至成为养殖场的负担。然而，沈阳树新养猪场将沼渣用于生物有机肥的生产原料，沼液用于水稻种植，既节约了肥料，又实现了水稻品质的价值增值，充分发挥了沼渣沼液的肥效和价值，实现了沼气工程的综合收益。

（2）以沼气为纽带种养结合的生态养殖模式。沈阳树新养猪场将生猪粪便进行厌氧发酵产生的沼液用于水稻种植，减少化肥施用量，提高水稻产量和品质，产生出更多优质水稻，提升粪污治理效益，同时部分未利用沼液通过 SBR 工艺处理进行循环利用。由前文分析可知，该猪场沼液收益占总收益的 31.12%，在所有沼气工程产品收益中占比较大，沼液收益之所以能够实现，是由于沼液得到了有效利用，实现了其价值。调研了解到沈阳树新猪场先后流转农田 1 500亩，沼液用于水稻种植，实现了“猪—沼—稻”种养结合的生态有机循环。因此，养猪场通过匹配适当规模的种植用地，如自有农田或与周边农户签订粪污消纳用地，确保养殖场产生的粪污或沼液得到充分利用，实现其资源价值。

（3）产业链延伸，沼渣用于生产有机肥。沈阳树新猪场将粪污干物质进行发酵和烘干工艺等环节进行有机肥生产，作为有机肥生产原材料。由前文分析可知，沼渣收益占总收益的 27.42%。调研了解到沈阳树新猪场建有两个有机肥厂，年产有机肥能力达 3 000多吨，沼渣成为供应有机肥生产的主要原料。一方面养猪场能够通过生产的有机肥取得收益，减少粪便和沼渣浪费，提高沼渣的利用率，实现沼渣利用价值；另一方面，粪便和沼渣用于生产有机肥能够提升土壤肥力，保护环境，推动环境友好型可持续农业发展。

5.4.2 内部化治理与利用个案二：肥料化处理

肥料化处理是大多数养殖户选择的粪污处理模式，粪污经过肥料化处理可以转化成农作物所需的养分。传统农业生产活动中，为了肥沃土地，养殖户直接将粪污作用于农田、土地，但是直接还田的方式不能有效发挥粪污的价值，对其进行一定的技术处理，可以将其价值最大限度地发挥出来，形成农作物的有机肥。本章以北镇市旺发养殖有限公司为例，运用治理成本法对该猪场的粪污治理成本进行估算，并结合产出数据分析猪场治理粪污的经济收益。

5.4.2.1 案例猪场概况及粪污治理措施

铁岭县新台子镇天宇养殖场位于辽宁省铁岭县新台子镇懿路村，猪场经纬度为 N42°06′58.5″，E123°41′06.0″。猪场养殖面积 4 100m^2，常年存栏生猪 2 500头，养殖方式为圈舍饲养。养殖场的粪污主要通过肥料化利用的方式进行处理，其中，猪粪经堆沤腐熟干化后储存销售，污水的肥料化利用主要通过与猪场附近荣丰农作物种植专业合作社签订粪污消纳土地协议的方式实现，养殖场为合作社免费提供无害化处理后的肥水，合作社为养殖场提供用于污水消纳的农田，在粪污处理方面实现互利共赢。

猪场结合东北地区气候和种植特征，建设钢架结构阳光大棚作为堆肥发酵场，将猪粪进行厌氧堆肥腐熟，充分利用太阳能进行自然干化后储存利用。猪场依据合作社农业种植所需粪肥的施用周期实现粪污的肥料化利用，由于受到东北地区种植制度的影响，每年有两个施肥阶段，一是 4—5 月土壤翻耕前施用，二是 9—10 月玉米收割至冰冻前可将处理后的粪水喷洒至土壤中。为有效应对粪污产出的连续性与种植业粪污大量需求的季节性，猪场除了配备有 200m^2的堆肥发酵场和 200m^2的粪肥储存场用于处理和储存猪粪，还配备有 1 800m^3的污水发酵储存池，以备农业种植施肥期利用。

5.4.2.2 粪污治理与利用的成本与收益

（1）成本构成

①建设成本。项目建设总成本 65.18 万元，其中，基本建设费为 43.98 万元，设备购置费为 15.42 万元，其他费用 5.78 万元。具体如下。

基本建设费：包括堆肥发酵场、粪肥储存场、污水池、厌氧池、厌氧保

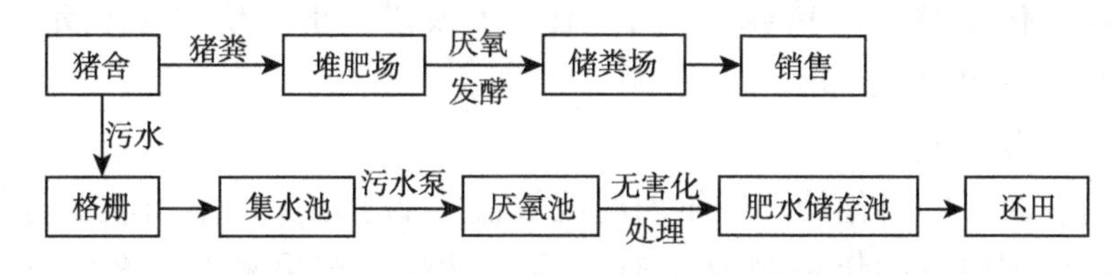

图 5-3　镇天宇养殖场粪污处理利用工艺流程

温棚、沼液储存池等的建设及安装费用等。详见附表 4。

设备费：主要设备见附表 5。

其他费用：临时水电和道路、勘察设计费、工程保险费等，合计为 5.78 万元。

②运行费用。主要包括固定资产折旧、设备维修费、机械动力费及人员薪资等，具体如下。

固定资产折旧费用：固定资产折旧按建筑物使用年限为 20 年，常用生产设备使用年限为 10 年，残值率为 5%，建筑物折旧费为 2.09 万元，设备折旧费为 1.46 万元；因此，得出年均固定资产折旧为 3.55 万元。

设备维修维护费用：项目运行期间，设备保养或者损坏出现故障造成的维修费用，按固定资产折旧的 10%进行计算，则每年的设备维修维护费用为 0.355 万元。

动力费用：该项目工程运行功率约为 2.6kW，均为 380V/220V 低压设备，日耗电量 10.4kW · h，全年用电量为 0.38 万 kW · h，按当地电价 0.65 元/（kW · h）计算，全年动力电费为 0.25 万元。

人员薪资：该项目运行配置 1 人，工资 2 500元/月。年人员薪资费用 3 万元。

此外，粪污设施区占地租赁费 650 元/（亩 · 年），粪污设施区占地 2 亩，计算得出土地租赁费 0.13 万元。

该猪场粪污处理项目分摊每年运行成本为 7.57 万元。

（2）收益来源。由于该猪场与荣丰农作物种植专业合作社签订粪污消纳土地协议，污水经厌氧发酵后由合作社定期免费拉走还田利用。因此，该猪场粪污处理的经济效益主要来源于猪粪堆肥发酵后的产品销售给粪贩或有机肥厂的收入。

经计算得出，该猪场 2 500头生猪日产猪粪干物质总量约为 1.36t。调研得知，该猪场猪粪经过厌氧堆肥腐熟和自然干化后含水率约为 50%，可计算出每天经干化发酵后的猪粪约为 2.71t。按该猪场出售价格 110 元/t 计算，猪粪年收益为 10.88 万元。

（3）结果分析

①猪场粪污肥料化处理的年均经济效益。基于前文成本与收益分析，计算出粪污处理项目的年利润为 3.31 万元。从这一结果来看，案例猪场粪便的肥料化处理项目能够产生一定的经济效益。

②猪场粪污处理的累计经济效益。由前文成本分析可知，该猪场投资总成本主要包括基本建设费和设备费用等共 65.18 万元，后续每年有设备维修费、动力费用、人工薪资和土地租赁费共 3.735 万元。通过累计经济效益分析，该猪场实施肥料化处理粪污的前 9 年累计经济效益均为负值，第 10 年的累计经济效益大于 0，表明该猪场按目前的运营方式经营近 10 年才能收回投资。通过计算得出该项目的静态投资回收期为 9.12 年，单从投资回收期来看，项目投资回收期长达 10 年，经济吸引力不强，可通过政府补贴形式提高养殖户治理粪污的积极性。

（4）政府补贴的必要性。利用静态投资回收期公式对该项目的投资回收期进行估算，计算出该猪场粪污处理项目的投资回收期为 9.12 年。可以看出，该猪场按目前运营方式需运营近 10 年才能收回投资，实现净收益大于 0。粪污肥料化处理虽然能够带来良好的经济效益，但由于初期投资相对较大且投资回收期较长，使得该项目不具备市场机制下的吸引力。此时，政府补贴显得尤为必要。

5.4.3 两个生猪规模养殖场粪污治理与利用的比较分析

养殖户作为有限理性经济人，始终追求自身利益和效用最大化，但理性经济人假设往往忽略思考与认知环节，决策者在决策发生过程中的行为动态变化是思考与认知的结果，进行思考与认知也是为了追求自身利益最大化，因此，决策发生的过程应是“先思考后认知再决策”[204]。养殖户选择不同粪污处理模式的决策行为受诸多因素共同作用，如养殖规模、养殖净收益、粪污消纳地面积、粪污处理技术及补贴政策等。其中，养殖规模直接影响生产盈利状况，对粪污处理模式的选择可看作追求利益最大化对决策的影响；粪污消纳地面积和粪污处理技术对采用不同粪污处理模式有直接影响，但追求利益最大化是养殖户进行决策的根本动因。

通过计算本章上述两个案例中不同粪污处理模式的猪均固定成本、运行成本、净收益，结果如表 5-12 所示。

表 5-12　肥料化处理与能源化处理成本收益对比

	固定成本（元/头）	运行成本［元/（头·年）］	净收益［元/（头·年）］
个案一：能源化处理	324.25	35.74	15.03
个案二：肥料化处理	260.72	30.74	13.24

从表 5-12 中可以看出，粪污肥料化处理的总投资和运行成本均低于能源化处理的相应费用，从成本最小化角度来看，养殖户更倾向于选择肥料化处理粪污；但能源化处理的净收益高于肥料化处理的净收益，这也是部分养殖户愿意通过能源化处理粪污的原因之一，这一结论与前文分析得出大多数养殖户倾向于选择肥料化处理利用的结论一致。但从前文分析得出的投资回收期来看，两种粪污处理模式的投资回收期均较长，缺乏经济吸引力，在很大程度上降低养殖户治理粪污的积极性，进一步佐证了调研中得出养殖户的粪污治理行为发生率偏低的结论。

从上述研究结论可知，对于具有理性经济人特征的生猪规模养殖户来讲，相对于能源化处理利用方式，养殖户更倾向于选择肥料化处理利用方式。但是，由于粪污治理存在正外部性，且不能从养殖户治理粪污的经济收益中表现出来，导致养殖户治理粪污的积极性不高。结合前文内部化治理演化博弈分析结果中养殖户治理策略的实现条件，需要降低粪污治理成本，提升粪污治理收益，同时加大政府补贴力度，因此，通过政府补贴的形式保障养殖户粪污治理收益就显得尤为必要。同时通过前文外源性治理方式下相关主体演化博弈的策略分析可知，养殖户委托第三方治理企业进行粪污治理能够解决养殖户自处理粪污的资金难题，因此，也可以通过引入第三方治理的方式实现粪污治理。

5.5　本章小结

本章以生猪规模养殖户为例，从内部化治理探讨生猪规模养殖粪污治理行为形成机理以及影响因素，对个体特征变量、生产经营特征、粪污处理能力感知特征以及政策特征变量进行实证分析。在此基础上分别以能源化处理和肥料化处理为例，对两个案例猪场采用相应粪污处理模式的治理成本收益进行比较分析。得出以下主要结论。

(1) 粪污肥料化处理对于规模养殖户选择而言更为普遍，其中，大规模养殖户利用能源化处理粪污的比例相对较高。从影响养殖户内部化治理的决策因素来看，养殖年限、养殖规模、养殖净收益、粪污消纳地面积、粪污处理技术、粪污处理经济条件、政府补贴、治理意愿具有显著性影响。①养殖户选择肥料化处理利用方式主要受养殖年限、养殖规模、养殖净收益、粪污消纳地面积、粪污处理技术、粪污处理经济条件、政府补贴、治理意愿的影响，其中，小规模养殖户倾向于选择不进行粪污处理；②养殖户选择能源化处理利用方式主要受养殖年限、养殖规模、粪污消纳地面积、粪污处理技术和政府补贴的影响，其中，大规模养殖户更倾向于选择能源化处理。

(2) 生猪养殖粪污治理成本呈现规模递减，表现出一定的规模效应，粪污治理成本中人工成本占比较高，且中小规模养殖粪污治理的人工成本明显高于大规模养殖粪污治理的人工成本。

(3) 内部化治理的案例分析结果显示，肥料化处理和能源化处理均能实现一定的经济收益，其中沼气处理粪污的收益与沼气发电、沼气、沼渣、沼液等产品价格有关，且沼液价格及其销量决定案例猪场沼气工程盈利状态的关键要素。通过对比两个案例猪场粪污处理模式的成本与收益，肥料化处理均低于能源化处理的成本与收益，且成本差异相对较大，进一步验证了养殖户倾向于选择肥料化处理粪污的结论。虽然两种处理利用方式的粪污处理工程能够产生一定的经济效益、生态效益和社会效益，但由于初期投资大且投资回收期较长，使得粪污处理项目不具备市场机制下的经济吸引力，从而影响养殖户进行粪污治理的积极性。因此，需要通过政府补贴的形式来促进养殖户积极参与粪污治理。然而，我国目前关于生猪养殖粪污治理方面的补贴大多基于粪污资源化利用目标设置，以项目补贴的形式倾向于规模化程度高的养殖户，很难做到普惠制。此外，还需要制定相关政策培育粪肥市场及沼气发电并网等，提高粪污资源化利用效率，实现粪污治理的效益最大化，或者通过引入第三方治理的方式对养殖粪污进行收集集中处理。

第6章 生猪规模养殖户选择粪污外源性治理的实证分析

前文分析了养殖户内部化治理粪污的决策因素，并从成本收益视角分析粪污治理过程中存在的困境，而治理成本的分摊方式对于实现粪污可持续治理具有重要意义。为进一步优化粪污治理路径，降低养殖户的治理成本，克服内部化治理的要素缺失与制度困境，本章基于委托代理理论，引入以第三方治理企业为主要治理主体的外源性治理方式，结合前文关于外源性治理方式下相关责任主体的策略演化分析的结果，在对外源性治理方式适用性进行解析的基础上，分析养殖户对外源性治理的参与意愿，预测第三方治理的市场潜力，进一步通过分析养殖户对第三方治理的支付意愿、支付水平及影响因素，探讨第三方治理的成本分摊问题，构建生猪规模养殖粪污外源性治理的驱动机制。

6.1 分析框架

生猪规模养殖粪污的外源性治理，即由第三方治理企业对粪污进行集中收集处理，第三方治理企业在粪污资源化利用过程中起到重要的桥梁纽带作用[7]，能够有效解决养殖户治理粪污的资金技术缺乏及中小规模养殖粪污治理主体缺位等问题，也是弥补相关环境法律法规制度缺失的重要途径[205]。外源性治理由第三方治理企业发挥专业化、集约化治理优势，是从产业链尺度推进农牧系统重新循环耦合的重要途径之一[101]，并且国家在养殖粪污治理问题上也越来越重视第三方治理。农业农村部关于《畜禽粪污资源化利用行动方案（2017—2020年）》指出培育第三方治理企业推进区域内畜禽养殖粪污治理。作为外源性治理的重要组成部分，养殖户对粪污处理社会化服务的需求为第三方治理企业的发展提供了市场环境[88]，作为服务的受益方，养殖户对第三方治理企业提供的粪污处理社会化服务的支付意愿影响着外源性治理市场机制的有效运行[206]。然而，我国养殖粪污第三方治理仍在探索阶段，在实施第三方治理过程中仍存在一些问题亟待解决，如第三方治理企业的可持续运营依赖于原料供应方养殖户提供的粪污及治理收益。那么，外源性治理的市场潜力如何，第三方治理的资金来源及养殖户在第三方治理中的成本分摊问题，第三方治理过程中相关利益主体的责任如何界定等。对上述问题的解答将有助于保障生猪养殖粪污第三方治理的持续运行以及粪污治理效率的提升。本章分析框架如图 6-1 所示。

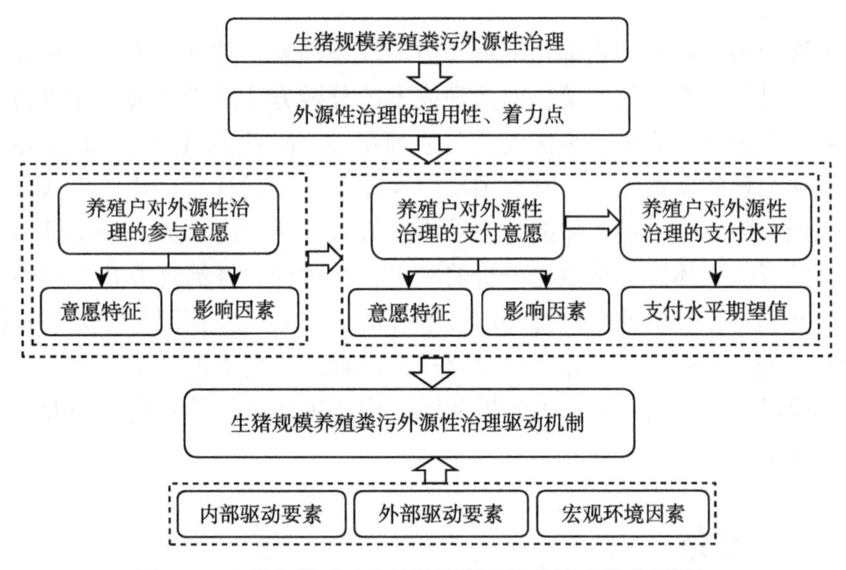

图 6-1 生猪规模养殖户选择粪污外源性治理的分析框架

6.2 外源性治理的适用性与着力点

6.2.1 外源性治理的适用性

粪污内部化治理方式奉行“谁污染、谁治理”原则，主要涉及养殖户与地方政府两类主体，从实践层面看，该原则有利于明确粪污治理主体责任，促进粪污资源化利用。但随着粪污产生量大幅度增长，在环境规制日益趋紧的形势下，单纯地完全依靠养殖户自身建设环保设施处理粪污的内部化治理方式愈显力不从心，与市场经济运行理念之间的不协调性日益突出。

追求成本最小化与利益最大化是生猪规模养殖户的本性。首先，养殖户较为重视自身利益，缺乏对环境保护的认知，负有治理责任的生猪养殖户对粪污治理的积极性不高，也很难从长远利益考虑建立粪污治理的自我约束机制；其次，养殖户在粪污治理方面受经济条件、技术水平等因素制约的同时，若要求养殖户通过建造粪污处理设施来解决粪便污染问题，尤其是对于缺乏资金和技术的中小规模养殖户来说并不是一种有效率的制度安排。与此同时，由于养殖场分布相对较为分散，而政府相关部门用于监管的人力、财力有限，对养殖户粪污处理设施的运营状况很难做到全面有效监管。虽然有些养殖户按养殖规模配套粪污处理设施，但由于运营成本较高以及相关技术缺失，使得粪污处理设施运行效率低下。即使中央政府高度重视，甚至投入大量资金用于粪污治理，却很难取得令人满意的治理效果。此时，通过引入第三方治理企业，则可有效解决以上问题，并且具有以下优点。

一是有利于实现粪污专业化、集约化治理，提高粪污处理效率。第三方治理可以在一定程度上分担政府在生态环境治理方面的资金压力，并有效克服政府对养殖户治理粪污监管乏力的难题，同时，通过引入社会资本减轻政府财政负担，也有利于改善环境保护过多依赖政府的现状。从养殖户角度看，粪污处理需要投入大量的人、财、物，并配套相应的技术和设施设备，还需要维持设备长期运转的运行费用，但是粪污处理并不是养殖户擅长的领域，以至于收效甚微。第三方治理的特点在于发挥行为主体的专业化优势[207]，养殖户进行专业化养殖，第三方治理企业运用粪污处理技术进行专业化治理，地方政府发挥其引导和监管职能，可以提高粪污治理效率，克服养殖户内部化治理的技术与资金缺乏问题，降低治理成本，进而有利于实现产业链尺度的粪污治理。

二是有利于政府部门实施监管、降低监管成本。“谁污染，谁治理”原则下容易出现粪污处理设施闲置或粪污处理设备瘫痪的状态，以及具有分布隐蔽且分散特征的养殖户偷排污水而不能被政府部门及时制止等问题，对政府全面实施监管带来极大挑战。第三方治理以项目企业自身作为粪污治理的最终责任主体，政府监管对象也由分散的养殖户转向第三方治理企业，监管的范围大幅度缩小，监管难度也随之下降，使政府监管更为有力。通过粪污治理主体转移及相关主体责任的明晰，不仅能够有效解决政府监管人员不足，还能有效提高政府监管效率[208]。第三方治理将养殖户通过合同或协议的形式与第三方治理企业紧密相连，这种相互制约的形式有利于双方互相监督单方面主体的排污行为，从而进一步减轻了政府监管的压力。

三是有利于粪污处理技术创新。粪污资源化处理对技术有一定的要求，然而，相对于养殖技术而言，并不是所有的养殖户都能够掌握粪污处理技术，尤其是对于一些接受新鲜事物能力差的养殖户，虽然在环境规制的要求下配备了粪污处理设施设备，但由于缺乏技术或者技术落后引发的运行成本高等问题，导致粪污治理效率低下。而对于第三方治理企业，通过引进国内外先进的粪污处理技术，配备专业的技术人员，能够有效统筹技术、人才和管理等资源，发挥专业化治理的优势，提高粪污处理效率、提升粪污处理效果，在一定程度上弥补了养殖户处理能力不足的缺陷。此外，通过对众多养殖户提供粪污处理服务，充分发挥粪污治理的规模效应，趋避单个养殖户粪污治理成本高、效率低以及投资效率不理想等问题。第三方治理在市场机制作用下不断促进粪污处理技术的创新。

此外，第三方治理建立的契约关系可弥补相关法律法规或制度缺失。《条例》颁布与实施标志着我国畜禽养殖业的发展迈入新台阶，对于生猪养殖业的可持续发展也具有重大意义。尽管如此，《条例》对于生猪养殖规模的界定并不明晰，也没有分类施策。地方各单位在制定和落实相关政策中对于规模的划分不同，如《广西畜禽规模养殖污染防治工作方案》中将生猪存栏 200 头或年出栏 500 头以上界定为规模养殖；《吉林省畜禽养殖场（户）和粪污资源化利用机构信息备案管理实施方案》将生猪规模养殖场界定在存栏 300 头或年出栏 500 头以上。参考《中国畜牧兽医年鉴》对生猪养殖规模的界定及对规模猪场的统计可知，2015 年吉林省出栏 500 头以下的小规模猪场数量约占所有规模猪场的 93.55%，若这类规模猪场的粪污处理不当对环境造成的影响不可小觑。地方由于监管成本问题在制定相关规范性文件时很难面面俱到。而第三方治理能够通过合理灵活的契约将不受地方法规制度约束的规模养殖户存在的粪污处理问题得到合理有效解决。

6.2.2 外源性治理的着力点

外源性治理能够发挥粪污治理的专业化和集约化优势，不仅可以减轻养殖户配备粪污处理设施设备的资金压力，还能够降低设备的运行及维护成本，有效解决单个养殖户粪污治理中存在的技术缺乏、设备运行效率低、经济效益差等问题，通过公共资源的合理配置改变养殖户在粪污处理设施运行方面的“僵尸”状态[209,210]。科斯认为，效率是由收益与成本之差决定的，假若有外部性存在时，需要借助政策调整对产权进行重新界定来解决外部性问题。因此，通过重新界定产权能够促进生猪养殖业生产中的分工和专业化发展。20世纪初，杨格在《报酬递增与经济进步》一文中对分工理论进行了丰富，认为分工和专业化是解决环境污染并实现政府监管向市场转变的有效方式，但取决于市场规模[211]。Williamson认为具有不同程度资产专用性或交易频率的交易，匹配的市场规制结构也不同，在市场失灵存在时，中间性经济组织可能会发挥更好的作用[212]，通过匹配当前的生产模式改善治理效率[213]。

生猪规模养殖粪污的外源性治理涉及多方利益主体共同参与，主要有地方政府、规模养殖户、第三方治理企业。地方政府的行为目标是为社会提供绿色的生态环境，地方政府在生猪养殖粪污治理过程中肩负多重角色，不仅承担着制定生猪养殖粪污治理规则的任务，还要倡导粪污治理，同时对加强治理过程和治理效果的监管担负重要责任，其中，制定粪污治理标准、规章规程及对其组织落实成为政府在养殖粪污治理过程中的关键环节。

生猪养殖户是养殖粪污治理过程中最直接的责任主体，也是粪污治理的最大受益者，粪污的有效治理需要广大养殖户的真正参与。因此，养殖户是否能够积极参与到粪污治理中来对养殖粪污能够实现可持续治理至关重要。第三方治理企业在粪污治理中扮演着"双向委托代理人"的角色，既是政府监督养殖户粪污治理的代理人，又是协助养殖户处理粪污的代理人。这样的双重委托代理关系决定了第三方治理企业在粪污处理中的双重目标，既要代理政府规避污染的发生和扩散，又要为养殖户解决粪污难题，前者是企业利益，后者是社会利益。作为"理性经济人"，第三方治理企业的最终目标是实现自身价值最大化，若在代理过程中，不能产生经济利益，第三方治理企业代理的积极性将会降低。若不存在奖惩机制，那么第三方治理企业更多地选择放弃社会利益而追求自身利益，如此将加剧粪便污染环境的程度。第三方治理的关键之处是在政府引导下发挥市场作用的交易行为。主要表现为养殖户向第三方治理企业购买粪污处理服务，由第三方治理企业解决粪污治理过程中的碎片化问题[214]。第三方治理企业通过建立有机肥生产信息平台或大型沼气发电信息平台，将不具备粪污处理条件的养殖户与种植户衔接起来，实现产业链尺度的区域种养结合生态循环农业模式。

6.2.3 外源性治理存在的障碍因素

随着我国生态文明建设进程加快，环保产业不断升级，2015 年《关于推进水污染防治领域政府和社会资本合作（PPP）的实施意见》预示着环境治理制度的重大创新从根本上转变为“受益者付费、第三方治理”原则⑯。随后，第三方治理逐渐被引入畜禽粪污处理中来，该治理方式涉及的相关利益者主要包括政府、第三方治理企业和养殖户。在政府引导下，由第三方治理企业对养殖户产生的粪污进行集中收集处理，提供社会化服务的企业或组织在粪污资源化利用和种养衔接等方面起到重要作用[83]，既能缓解养殖户的粪污处理资金难题，又能解决粪资源化利用“最后一公里”问题。2016 年《加快推进畜禽粪污处理和资源化利用工作》中指出健全畜禽粪污资源化利用市场机制，加大 PPP 模式支持力度，培育第三方治理企业和社会化服务组织进行粪污专业化处理⑰，第三方治理的引入对促进畜禽粪污处理具有重要意义。2017 年，农业部《关于认真贯彻落实习近平总书记重要讲话精神加快推进畜禽粪污处理和资源化工作的通知》中指出充分发挥市场机制作用，引导各类社会资本参与畜禽粪污资源化利用，支持各类社会化服务组织发展，形成政府支持、企业主体、市场化运作的粪污处理社会化服务体系，鼓励建立受益者付费机制，保障社会化服务组织合理收益⑱。各地方政府为创新养殖粪污治理模式、提高养殖粪污治理效率，陆续开展养殖粪污第三方治理的探索[159,215-219]。然而，在第三方治理过程中仍然面临一些问题。

（1）法律责任界定不清。我国在环境污染治理方面正在由“谁污染、谁治理”原则逐渐向“污染者付费、专业化治理”原则转变，而第三方治理正是这种原则转变过程中的具体实践。关于我国生猪养殖粪污治理，也逐渐向“受益者付费、第三方治理”的方式转变。然而，关于养殖粪污的第三方治理并没有制定相应法律法规来明确相关治理主体的责任。从实地调研访谈中发现不同主体看待第三方治理中各自承担责任的观点各异，养殖户认为若委托第三方治理企业进行粪污治理，若粪污处理不及时或不达标，就应该让第

---

⑯ 财政部，环境保护部．《关于推进水污染防治领域政府和社会资本合作的实施意见》（财建［2015］90 号）。

⑰ 农业农村部．关于认真贯彻落实习近平总书记重要讲话精神加快推进畜禽粪污处理和资源化工作的通知．http：//www.moa.gov.cn/govpublic/XMYS/201701/t20170120_5460290.htm.

⑱ 国务院办公厅印发《关于加快推进畜禽养殖废弃物资源化利用的意见》（国办发〔2017〕48 号）。

三方治理企业全权承担责任；而地方政府相关部门认为若粪污处理不达标，在加强对第三方治理企业的监管和处罚以外，仍须对产生粪污的养殖户进行追责。此外，粪污治理的委托方和代理方，即养殖户和第三方治理企业在体现契约关系的合同谈判以及责权利担当方面仍然缺乏法律保障，有些地方在养殖粪污的第三方治理实践中只能“摸着石头过河”。

（2）市场准入与退出机制尚未建立。我国在养殖粪污第三方治理机制方面还不完善，对第三方治理的市场规范管理体系缺失。主要表现在以下两个方面：一是缺乏完善的市场准入机制，由于政府职能的转变对进入环境服务领域的企业不再审批，即任何企业均可进入该市场领域提供粪污处理社会化服务，从而增加了养殖户选择第三方的难度；二是缺乏针对第三方治理的退出和约束机制，主要表现为在第三方治理运行过程中，如果没有相应的约束措施，若第三方治理企业不再遵守合同约定履行粪污治理职责，那么，养殖户将面临粪污输出受阻的风险，将极大地降低养殖户对第三方治理的信任度。

（3）外源性治理成本分担问题。资金来源是制约第三方治理企业得以持续运行的关键环节和物质保障。然而第三方治理企业难以承担粪污治理的高额成本，大多依靠政府专项资金支持，对政府带来较大的财政压力。治理成本如何在政府和养殖户之间分摊成为新的问题。养殖户能否合理分担费用也是外源性治理能否持续运转的必要条件之一。有些地区按照“污染者付费”向养殖户收取治理费用，但在实践中存在养殖户付费积极性不高等问题[101]，不利于外源性治理的持续运行。

6.3　生猪规模养殖户外源性治理的参与意愿

尽管国家比较重视通过第三方治理企业推进粪污治理，但目前关于第三方治理的研究主要集中在对问题与对策的宏观定性分析方面[220,221]，从微观层面通过实地调研对养殖户参与第三方治理意愿的研究较少，运用计量模型对其进行实证分析的研究更为鲜见。鉴于此，本研究以吉林、辽宁两省的生猪规模养殖户为例，统计分析不同规模养殖户参与第三方治理的特征，并运用二元 Logit 回归模型对其参与意愿及其影响因素进行探析，从而掌握养殖户对第三方治理的需求结构，对于有序实施第三方治理、确保由第三方治理企业提供的粪污处理社会化服务供需结构平衡提供参考，有利于建立粪污第三方治理长效机制。

6.3.1 养殖户参与外源性治理的意愿特征

基于农户行为理论及相关研究结论，将影响养殖户参与外源性治理意愿的因素归纳为个体特征、生产经营特征、粪污处理能力感知特征等三大类。本研究将结合调研数据分析这些因素和养殖户参与外源性治理意愿的关系进行单因素描述性分析。

实证数据来源于 2017 年 9 月至 2018 年 1 月在吉林、辽宁两省 9 市 25 县进行实地调研获得的 1 124份有效问卷。

6.3.1.1 个体特征与意愿

个体特征与参与外源性治理的意愿分布情况如表 6-1 所示。

（1）年龄。从总样本看，各个年龄段的养殖户参与外源性治理的意愿率都比较高，达到 65%以上，表明养殖户参与外源性治理意愿相对较强。从不同规模看，小规模和中规模年龄大于 60 岁的养殖户参与外源性治理意愿率分别达到 78.57%和 86.84%，表明劳动力缺乏成为养殖户参与外源性治理的原因之一。

表 6-1 个体特征与养殖户参与外源性治理的意愿分布

类型	选项	小规模		中规模		大规模		总样本	
		样本数（个）	意愿率（%）	样本数（个）	意愿率（%）	样本数（个）	意愿率（%）	样本数（个）	意愿率（%）
年龄（岁）	≤30	9	66.67	27	77.78	9	55.56	45	71.11
	31~40	40	65.00	175	70.86	25	52.00	240	67.92
	41~50	125	70.40	348	75.29	41	48.78	514	71.98
	51~60	63	61.90	171	70.18	32	53.12	266	66.17
	>60	14	78.57	38	86.84	7	42.86	59	79.66
文化程度	高中以下	221	65.16	605	73.88	57	63.16	883	71.01
	高中及以上	30	86.67	154	73.38	57	38.60	241	66.80
养殖年限（年）	≤10	91	65.93	253	75.89	50	50.00	394	70.30
	11~20	115	69.57	366	73.77	46	54.35	527	71.16
	>20	45	66.67	140	70.00	18	44.44	203	67.00

（2）文化程度。从总样本看，高中以下学历养殖户参与外源性治理的意

愿率为71.01%，高中及以上学历养殖户参与第三方的治理意愿为66.8%，两者相差不明显。从不同规模看，小规模中高中及以上学历的养殖户参与第三方的治理意愿更为强烈；中规模中高中以下和高中及以上学历养殖户参与第三方的治理意愿差别并不明显；大规模养殖户中，高中及以上养殖户参与外源性治理意愿较低，占38.6%。可以看出，高中以上文化程度的养殖户中，中小规模养殖参与外源性治理的可能性较大。

（3）养殖年限。从总样本来看，养殖年限在20年以下的养殖户参与外源性治理意愿率相对较高，占比70%以上，养殖年限在20年以上的养殖户参与外源性治理意愿率相对较低。从不同规模看，小规模养殖户中养殖年限在11~20年的养殖户参与外源性治理意愿率为69.57%，均高于养殖年限低于10年和高于20年的养殖户；中规模养殖户中养殖年限在10年以内的养殖户参与外源性治理意愿率最高，占75.89%；大规模养殖户中养殖年限20年以上的养殖户参与外源性治理意愿率较低，占44.44%。总体来看，养殖年限越短的养殖户参与外源性治理的意愿相对强烈。

6.3.1.2　生产经营特征与意愿

（1）养殖规模与养殖户参与外源性治理的意愿分布。从养殖规模来看，大规模、中规模、小规模养殖户参与外源性治理的意愿率为分别为50.88%、73.78%、67.73%（表6-2），可以看出，整体上不同规模养殖户参与外源性治理的意愿普遍较高，其中，中小规模较为明显，尤其是中规模养殖户的意愿最为强烈。

表6-2　养殖规模特征与养殖户参与外源性治理的意愿分布

变量	选项	愿意		不愿意	
		样本数（个）	比例（%）	样本数（个）	比例（%）
养殖规模	小规模	170	67.73	81	32.27
	中规模	560	73.78	199	26.22
	大规模	58	50.88	56	49.12

（2）养殖净收益与养殖户参与外源性治理的意愿分布。从总样本看，养殖净收益越低的养殖户参与外源性治理的可能性越大。从不同规模看，不同规模养殖户参与外源性治理的意愿率随着养殖净收益的增加而逐渐降低，尤其是对于中规模养殖户的规律最为明显，而对于小规模和大规模，当养殖净收益在200元/头以上时，养殖户参与外源性治理的意愿率差异很

小（表 6-3）。

表 6-3　养殖收益特征与养殖户参与外源性治理的意愿分布

变量	选项	小规模		中规模		大规模		总样本	
		样本数（个）	意愿率（%）	样本数（个）	意愿率（%）	样本数（个）	意愿率（%）	样本数（个）	意愿率（%）
养殖净收益（元/头）	≤100	51	76.47	124	77.42	19	73.68	194	76.80
	101~200	118	71.19	338	74.26	47	46.81	503	70.97
	201~300	57	56.14	196	72.96	26	46.15	279	67.03
	>300	25	60.00	101	69.31	22	45.45	148	64.19

6.3.1.3　粪污处理能力感知特征与意愿

（1）粪污能否完全消纳。从总样本看，如果养殖户认为粪污不能被完全消纳，其参与外源性治理的意愿就相对越高，占 77.02%。从不同规模看，不同规模养殖户认为粪污不能被完全消纳，其参与外源性治理的意愿就相对越高，其中，中小规模养殖户参与意愿更为强烈，意愿率达 80%以上，而大规模养殖户参与意愿相对较弱。

（2）粪污处理技术。从总样本看，如果养殖户自身不了解粪污处理技术，参与外源性治理的意愿率比较高，达到 75%以上，在一定程度上表明养殖户越不了解粪污处理技术参与外源性治理意愿越强。从不同规模看，不了解粪污处理技术的养殖户参与外源性治理的意愿率均达 70%以上，粪污处理技术对于不同规模养殖户均较为关键。

（3）粪污处理经济条件。从总样本看，养殖户如果不具备粪污处理经济条件，参与外源性治理的意愿率达 77.56%，高于其具备粪污处理经济条件参与外源性治理意愿率（58.98%）。从不同规模看，小规模养殖户如果不具备粪污处理经济条件，其参与外源性治理的意愿率为 81.76%，远高于其具备粪污处理经济条件的意愿率（43.48%）；中规模养殖户如果不具备粪污处理经济条件，其参与外源性治理的意愿率为 77.51%，略高于其具备粪污处理经济条件的参与意愿率（68.11%）；大规模养殖户如果不具备粪污处理经济条件，其参与外源性治理的意愿率为 66.07%，远高于其具备粪污处理经济条件的意愿率（36.21%）。

（4）粪污装运是否容易。从总样本看，如果养殖户认为粪污装运比较困难，参与外源性治理的意愿就越强烈，意愿率达 75.4%，高于其认为粪污装运容易参与外源性治理意愿率（63.64%）。从不同规模看，小规模养殖户如果认为粪污装运比较困难，其参与外源性治理的意愿率为 80.39%，远高于其认为粪污装运容易的意愿率（47.96%）；中规模养殖户如果认为粪污装运比较困难，其参与外源性治理的意愿率为 77.06%，略高于其认为粪污装运容易的意愿率（70.11%）；大规模养殖户如果认为粪污装运比较困难，其参与外源性治理的意愿率为 53.12%，略高于其认为粪污装运容易的意愿率（48%）（表 6-4）。表明如果养殖户认为粪污装运存在较大困难，其参与外源性治理的意愿越强。其原因可能是粪污装运越困难，养殖户用于运输粪污的成本越高，其更倾向于选择外源性治理企业进行治理。

表 6-4　粪污治理能力感知特征与养殖户参与外源性治理的意愿分布

变量	选项	小规模		中规模		大规模		总样本	
		样本数（个）	意愿率（%）	样本数（个）	意愿率（%）	样本数（个）	意愿率（%）	样本数（个）	意愿率（%）
粪污能否完全消纳	不能	79	81.01	308	80.19	70	58.57	457	77.02
	能	172	61.63	451	69.40	44	38.64	667	65.37
粪污处理技术	不了解	177	74.58	422	77.01	34	70.59	633	75.99
	了解	74	51.35	337	69.73	80	42.50	491	62.53
粪污处理经济条件	不具备	159	81.76	458	77.51	56	66.07	673	77.56
	具备	92	43.48	301	68.11	58	36.21	451	58.98
粪污装运是否容易	不容易	153	80.39	401	77.06	64	53.12	618	75.40
	容易	98	47.96	358	70.11	50	48.00	506	63.64

6.3.2　变量选取与模型选择

6.3.2.1　变量选取

本研究选取养殖户个体特征变量、生产经营特征变量、粪污处理能力感知特征变量作为影响养殖户参与外源性治理意愿的因素。具体如下。

（1）个体特征变量

①年龄。年龄越大的养殖户对新事物接受能力越弱，同时，年龄越大可能存在劳动力不足的状况，但年龄越大可能经验越丰富，因此，年龄的作用方向不能确定。

②文化程度。受教育程度高的养殖户，能够清晰认识到外源性治理带来的益处，一般会倾向于参与外源性治理。

③养殖年限。养殖年限越长的养殖户，可能积累了丰富的粪污处理经验，习惯于已有的粪污处理方式，也可能对粪便的污染属性和资源属性较为熟知，因此，养殖年限的作用不能确定。

（2）生产经营特征

①养殖规模。养殖规模越大，参与外源性治理的可能性越小。

②养殖净收益。若养殖收益越高，一般不倾向于选择外源性治理。

③粪污消纳地面积。养殖户经营的农田面积越大，参与外源性治理的可能性越小。

④猪场与粪污消纳地距离。猪场与粪污消纳地距离越远，养殖户越倾向于选择外源性治理。

（3）粪污处理能力感知特征

①粪污能否完全消纳。当养殖户认为猪场通过粪污资源化利用不能将其完全消纳，则倾向于选择外源性治理。

②粪污处理技术。养殖户越不了解粪污处理技术，越倾向于外源性治理。

③粪污处理经济条件。如果养殖户不具备粪污处理的经济条件，选择参与外源性治理的可能性就越大。

④粪污装运是否容易。当养殖户认为粪污装运存在较大困难，则在此过程中可能产生较高成本，养殖户基于自身利益最大化考虑，更倾向于选择外源性治理。

6.3.2.2 样本描述性统计

样本描述性统计结果如表 6-5 所示。

从因变量来看，养殖户参与外源性治理意愿均值是 0.701，整体上养殖户参与外源性治理的意愿较为强烈，约占 70%的养殖户愿意参与外源性治理。

从个体特征变量来看。受访者年龄均值为 46.424 岁，养殖户的年龄集中在 46 岁左右，表明养殖户主整体年龄偏大；文化程度均值为 0.214，表明养殖户整体文化程度偏低；养殖年限均值为 13.577 年，可以看出养殖户从事养猪业时间相对较长。

从生产经营特征来看。从养殖规模可以看出，调研样本以中规模养殖户居多，占 67.5%；养殖净收益均值为 217.324 元/头，表明调研年份养殖户整体盈利水平较好；养殖户经营农田面积均值为 32.357 亩，表明大部分养殖户都经营一定面积的农田；猪场与粪污消纳地之间的距离均值为 237.293m，表明猪场与粪污消纳地之间的平均距离，距离在一定程度上增加了粪污处理还田利用的成本。

从粪污处理能力感知特征变量来看。仅有 59.3%的养殖户认为粪污能完全消纳，仍有近 40%的养殖户认为自己猪场的粪污不能够完全消纳；仅有占 43.7%的养殖户了解粪污处理技术，整体上养殖户对粪污处理技术的了解程度偏低；粪污处理经济条件均值为 0.401，仍有近 60%的养殖户不具备粪污处理经济条件；粪污装运是否容易均值为 0.450，说明 45%的养殖户认为粪污装运相对较容易，仍有 55%的养殖户认为在粪污装运方面存在一定的困难。总的来看，大部分养殖户在粪污处理方面存在不同程度的粪污消纳地、资金、技术短缺等问题，粪污装运困难在一定程度上反映了粪污还田利用制度不完善。

表 6-5　样本描述性统计

	变量		定义及赋值	均值	标准差
因变量	参与外源性治理意愿		愿意=1；不愿意=0	0.701	0.458
个体特征	年龄		受访者实际年龄（岁）	46.424	8.580
	文化程度		高中及以上=1；高中以下=0	0.214	0.411
	养殖年限（年）		从事养猪业时间	13.577	6.706
生产经营特征	养殖规模	小规模	是=1；否=0	0.223	0.417
		中规模	是=1；否=0	0.675	0.468
		大规模	是=1；否=0	0.101	0.302
	养殖净收益		每头猪年均净收益（元）	217.324	109.226
	粪污消纳地面积		养殖户经营农田面积（亩）	32.357	56.282
	与粪污消纳地距离		猪场与农田直线距离（m）	237.293	645.854
粪污处理能力感知特征	粪污能否完全消纳		能=1；不能=0	0.593	0.491
	粪污处理技术		了解=1；不了解=0	0.437	0.496
	粪污处理经济条件		具备=1；不具备=0	0.401	0.490
	粪污装运是否容易		是=1；否=0	0.450	0.498
控制变量	地区虚拟变量		吉林=1；其他=0	0.536	0.499
			辽宁=1；其他=0	0.464	0.499

6.3.2.3　模型构建

养殖户参与外源性治理的意愿只存在“愿意”和“不愿意”两种选择，

属于离散选择问题，用于该问题分析的模型有Probit模型和Logistic模型，其中，Probit模型要求样本服从正态分布，应用受到一定的限制，而Logistic模型的使用范围相对更为广泛[222,223]。因此，本节将采用二元Logit选择模型进行分析，以确定养殖户参与外源性治理意愿的影响因素。建立Logit回归模型如下：

$$P = F(y = 1 \mid x_i) = 1/(1 + e^{-y}) \quad \text{公式 (6-1)}$$

上式中，P代表养殖户参与外源性治理的概率；y代表养殖户的参与意愿，$y=1$表示养殖户愿意参与外源性治理，$y=0$则相反；$x_i(i=1, 2, \cdots, k)$被定义为可能影响养殖户选择参与外源性治理的影响因素。公式中y是变量$x_i(i=1, 2, \cdots, k)$的线性组合，即：

$$y = b_0 + b_1 x_1 + b_2 x_2 + \cdots + b_k x_k \quad \text{公式 (6-2)}$$

上式中，$b_i(i = 1, 2, \cdots, k)$为第i个解释变量的回归系数，若b_i为正，表明第i个解释变量对养殖户参与外源性治理的意愿有正向作用，若b_i为负，则相反。将公式（6-1）、公式（6-2）进行变换，得到二元Logit模型，其形式如下：

$$\ln(P/(1 - P)) = b_0 + b_1 x_1 + b_2 x_2 + \cdots + b_k x_k + \varepsilon \quad \text{公式 (6-3)}$$

上式中，b_0为常数项，ε为随机误差项。

6.3.3 结果分析

通过对1 124个样本数据分别从总样本和不同规模角度进行二元Logit回归分析。模型综合检验系数显示，回归方程较为显著，似然比卡方检验观测值均通过显著性检验，模型预测准确率整体良好。通过回归分析，各因素的回归系数及显著性结果如表6-6所示。

（1）个体特征变量

①文化程度。从总样本看，文化程度对参与外源性治理的意愿无显著影响。从不同规模看，小规模养殖户文化程度系数为正，回归系数通过了5%水平下的显著性检验，表明小规模养殖户的文化程度越高，参与外源性治理的意愿越强。大规模养殖户文化程度系数为负，回归系数通过了5%水平下的显著性检验。表明其他条件不变时，大规模养殖户的文化程度越高，其参与外源性治理的可能性就越低。可能的原因是文化程度越高的大规模养殖户，对粪污集约化治理的规模效益认识越清楚，通过资源整合进行内部化治理，从而降低了参与外源性治理的可能性。

②年龄和养殖年限对于养殖户参与外源性治理意愿有一定的影响，但影响不显著。

（2）生产经营特征变量

①养殖规模。中规模和小规模对养殖户参与外源性治理的意愿均具有显著影响，其回归系数分别通过了1%水平下和5%水平下的显著性检验，表明中小规模养殖户参与外源性治理的意愿比较强烈。Exp（*B*）值表明，在其他条件不变的情况下，小规模和中规模养殖户参与外源性治理意愿的发生概率比分别为1.856和2.368。

②养殖净收益。从总样本看，养殖净收益对参与外源性治理意愿具有负向影响，回归系数通过了5%水平下的显著性检验。在其他条件不变的情况下，养殖户的净收益越高，其参与外源性治理意愿的可能性越小。从不同规模看，养殖净收益对中规模养殖户参与意愿影响为负，回归系数通过了10%水平下的显著性检验，表明在其他条件不变的情况下，中规模养殖户的净收益越高，参与外源性治理意愿的可能性越小。

③粪污消纳地面积。从总样本看，粪污消纳地面积系数为负，通过了1%水平下的显著性检验，在其他条件不变的情况下，养殖户的粪污消纳地面积越大，参与外源性治理意愿的可能性越小。从不同规模看，中规模养殖户的粪污消纳地面积对其参与外源性治理影响显著，并通过了1%水平的显著性检验，在其他条件不变的情况下，中规模养殖户的粪污消纳地面积越大，参与外源性治理意愿的可能性越小。其原因主要是由于养殖户经营的农田面积越大，倾向于将粪污进行肥料化处理还田利用，节约种植业成本，增加种植业收入，参与外源性治理意愿可能性越小；粪污消纳地面积对小规模和大规模养殖户参与外源性治理意愿有一定的影响，但影响并不显著。

④猪场与粪污消纳地距离。从总样本看，与粪污消纳地距离对养殖户参与外源性治理的意愿具有显著正向影响，其回归系数通过了5%水平的显著性检验，其他条件不变的情况下，猪场与粪污消纳地之间的距离越远，养殖户参与外源性治理意愿的可能性越高。从不同规模看，小规模养殖户的猪场与粪污消纳地之间的距离对参与外源性治理意愿具有显著影响，其回归系数通过了5%水平的显著性检验；中规模和大规模养殖户的猪场与粪污消纳地距离对其参与外源性治理均有一定正向影响，但影响并不显著。

（3）粪污处理能力感知特征变量

①粪污能否完全消纳。从总样本看，粪污能否完全消纳对养殖户参与外源性治理意愿的影响为负，回归系数通过了1%水平下的显著性检验。表明当养殖户认为粪污能够被完全消纳时，其参与外源性治理的意愿就会降低。从不同规模看，对于小规模和大规模养殖户，回归系数通过了10%水平下的显著性检验，对于中规模养殖户，回归系数通过了10%水平下的显著性检验。表明在其他条件不变的情况下，粪污能被完全消纳的感知越强烈，其参与外源性治理意愿的可能性就越低。其主要原因是当养殖户认为粪污能够被完全消纳时，一般会进行内部化治理获得一定的收益，而参与外源性治理的意愿就会降低。

②粪污处理技术。从总样本看，粪污处理技术对参与外源性治理意愿具有显著影响，其系数为负，回归系数通过了5%水平下的显著性检验。在其他条件不变的情况下，养殖户对粪污处理技术的了解越多，参与外源性治理意愿的可能性越小。从不同规模看，小规模养殖户对粪污处理技术的了解对其参与外源性治理意愿具有显著负向影响，其回归系数通过了5%水平的显著性检验，表明在其他条件不变的情况下，养殖户对粪污处理技术越了解，参与外源性治理的可能性就越低；中规模和大规模养殖户对粪污处理技术的了解对其参与外源性治理意愿均无显著影响。

③粪污处理经济条件。从总样本看，粪污处理经济条件对参与外源性治理意愿具有显著负向影响，回归系数通过了1%水平下的显著性检验。表明当养殖户具备粪污处理的经济条件时，其参与外源性治理意愿就降低。从不同规模看，不同规模养殖户认为粪污处理经济条件对参与外源性治理意愿均有显著影响，且其系数均为负。其原因可能是，当养殖户认为不具备粪污养殖经济条件时，就倾向于参与外源性治理。

④粪污装运是否容易。从总样本看，其对养殖户参与外源性治理的意愿并无显著影响。从不同规模看，粪污装运是否容易对不同规模养殖户参与外源性治理意愿的影响不同。其中，对于小规模养殖户，粪污装运是否容易对养殖户参与外源性治理意愿具有显著影响，通过了5%水平下的显著性检验，表明在其他条件不变情况下，当养殖户认为粪污装运比较困难时，其参与外源性治理意愿就越大。其原因可能是小规模养殖户缺乏粪污装运机械设备，不利于其进行粪污装运，在这种情况下倾向于借助第三方的力量进行处理。

表 6-6　不同规模养殖户参与外源性治理意愿的回归分析结果

	总样本		小规模		中规模		大规模	
	系数	Exp (B)	系数	Exp (B)	系数	Exp (B)	系数	Exp (B)
个体特征								
年龄	-0.003	0.998	-0.001	0.999	-0.009	0.991	-0.004	0.996
文化程度	0.059	1.061	1.426**	4.162	0.010	1.010	-0.966**	0.380
养殖年限	-0.003	0.997	-0.006	0.994	-0.009	0.991	0.014	1.014
生产经营特征								
小规模	0.618**	1.856						
中规模	0.862***	2.368						
养殖净收益	-0.001**	0.999	-0.001	0.999	-0.001*	0.999	-0.002	0.999
粪污消纳地面积	-0.007***	0.993	-0.006	0.994	-0.011***	0.990	-0.001	0.999
与粪污消纳地距离	0.0003**	1.000	0.001**	1.001	0.0001	1.000	0.001	1.001
养殖户处理粪污能力感知								
粪污能否完全消纳	-0.570***	0.565	-0.645*	0.525	-0.514***	0.598	-0.816*	0.442
粪污处理技术	-0.382**	0.683	-0.737**	0.478	-0.217	0.805	-0.524	0.592
粪污处理经济条件	-0.775***	0.461	-1.447***	0.235	-0.428**	0.652	-1.434***	0.238
粪污装运是否容易	-0.240	0.787	-0.749**	0.473	-0.180	0.835	0.610	1.840
地区虚拟变量	控制		控制		控制		控制	
常量	2.248***	9.469	3.130***	22.876	3.501***	33.139	2.047*	7.746
似然比卡方值	157.365***		70.542***		90.006***		25.595***	
预测准确率（%）	72.2		76.9		74.6		68.4	
样本量	1 124		251		759		114	

注：***、**、*分别表示 1%、5%、10%的统计显著性水平，标准误为稳健标准误，Exp 为相对风险比率。

6.4　生猪规模养殖户外源性治理的支付意愿和支付水平

为探索养殖户在外源性治理中的成本合理分摊问题，确保外源性治理资金来源，运用“受益者付费、第三方治理”的市场化治理理念，通过分析养殖户对第三方治理企业提供的粪污处理社会化服务的支付意愿、支付水平及其影响因素，对于探索我国生猪规模养殖粪污治理及粪污资源化利用市场机制有参考借鉴作用。

6.4.1 研究方法

在 CVM 问卷调研中，以支付卡方式引导的支付意愿存在有零值问题，由此导致了数据的截断，采用 OLS 估计结果有偏差，同时，OLS 估计可能存在样本选择性偏差导致系数失真，虽然 Tobit 模型能处理支付意愿中的零值问题[224]，但该模型的前提假设是所有受访者都愿意进行支付，并将零支付值归为经济条件所致，忽略了经济以外其他因素的影响，从而混淆不同零值的差异[225]。鉴于此，运用 Heckman 两阶段估计方法对支付意愿进行实证分析，既能有效处理零值问题，又能克服样本选择性偏差的缺陷。

第一阶段，建立选择方程。养猪户是否愿意为粪污处理社会化服务支付一定的费用是一个样本选择问题，并考察养猪户的支付意愿受哪些关键因素影响。将支付意愿的二值选择变量记为 z_i，愿意支付记为 $z_i = 1$，否则 $z_i = 0$，z_i 可以用潜变量 z_i^* 表示，z_i^* 的表达式具体如下：

$$z_i^* = \xi_i'\alpha + \eta_i \qquad \text{公式（6-4）}$$

$$z_i = \begin{cases} 1, & \text{当} z_i^* > 0 \text{时} \\ 0, & \text{当} z_i^* \leqslant 0 \text{时} \end{cases} \qquad \text{公式（6-5）}$$

上式中，i 表示被调查的第 i 个养猪户，ξ'_i 为可能影响养猪户支付意愿的协变量组，α 为回归系数，误差项 η_i 服从正态分布，且均值为 0，方差为 σ_η^2。

第二阶段，建立结果方程。将第一阶段估计获得的逆米尔斯比率作为控制变量与解释变量一起回归，考察养猪户支付水平受哪些因素影响。用 Y_{WTP_i} 代表第 i 个养猪户的支付水平，假设 Y_i 为其潜变量，则 Y_i 的具体表达式如下：

$$Y_i = X_i'\beta + \varepsilon_i (i = 1, 2, \cdots, n) \qquad \text{公式（6-6）}$$

上式中，X_i 为可能影响养猪户支付水平的协变量组，β 为回归系数，一般情况下，X_i 与 ξ'_i 中往往包含相同的解释变量，相关性较强，在此，Heckman 两阶段估计并不要求 X_i 和 ξ'_i 互不相交[226]，误差项 ε_i 服从正态分布，且均值为 0，方差为 σ_ε^2。

进一步估计 $z_i = 1$ 时，向量 X_i 决定 Y_{WTP_i} 的条件期望值：

$$E(Y_{WTP_i} \mid z_i = 1, X_i) = X_i'\beta + \rho\sigma_\eta\sigma_\varepsilon\lambda_i \qquad \text{公式（6-7）}$$

上式中，λ_i 是第一阶段样本估计得到的逆米尔斯比率，ρ 是两个方差的相关系数。

6.4.2　数据来源、变量选取与描述性统计

6.4.2.1　数据来源

数据来源于 2017 年 9 月至 2018 年 1 月在吉林、辽宁两省的生猪调出大县对生猪规模养殖户开展的实地问卷调查，有效问卷 1 124份。

支付意愿为二分变量，在问卷中以问题“您是否愿意为第三方治理企业提供的粪污处理社会化服务支付一定的费用?”予以表征，“愿意”记为“1”，“不愿意”记为“0”。在进行 CVM 调查问题上，遵循“获得较高回答率、受访者对信息充分了解、进行预调研、受访者对该服务的支付会影响其他方面的消费支出”等原则；CVM 方法主要有投标博弈、开放式、双边界二分式和支付卡式等 4 种引导支付意愿方式。其中，重复投标博弈能够相对准确地获得受访者的支付意愿，受访者首先被问及是否愿意为某一服务支付给定的金额（给定金额参考预调研结果获得），依据受访者的回答，不断改变数额，直到得到最大支付意愿。基于此，本调研采用重复投标博弈询问受访者的意愿支付水平。

6.4.2.2　样本基本信息

从表 6-7 可以看出，整体样本的支付率为 41. 64%。吉林、辽宁两省的样本量分别占样本总量的 46. 44%和 53. 56%；养猪户年龄段集中在 31~60 岁，其中，41~50 岁年龄段居多，占 45. 73%，而 31~40 岁和 60 岁以上养殖户的支付率相对较高；养猪户的整体文化程度偏低，以高中以下学历为主，占 78. 6%，数据显示，文化程度越高，受访者对粪污处理社会化服务的支付率越高；养殖年限以 10 年及以下和 11~20 年两个阶段为主，分别占 35. 05%和 46. 89%，具有 30 年以上养殖年限的养殖户较少，但支付率相对最高；生猪养殖规模以中规模养殖户居多，占总样本的 67. 53%，支付率也相对较高，达 45. 45%，而小规模养猪户的支付率相对最低，仅占 28. 69%。

表 6-7　调查样本基本信息统计

类别	选项	样本数（个）	频率（%）	支付率（%）
地区	吉林省	522	46. 44	48. 66
	辽宁省	602	53. 56	35. 55

（续表）

类别	选项	样本数（个）	频率（%）	支付率（%）
年龄（岁）	30及以下	45	4.00	40.00
	31~40	240	21.35	44.17
	41~50	514	45.73	42.80
	51~60	266	23.67	36.84
	60以上	59	5.25	44.07
文化程度	高中以下	883	78.56	39.64
	高中及以上	241	21.44	48.96
养殖年限（年）	10及以下	394	35.05	46.54
	11~20	527	46.89	38.71
	21~30	190	16.90	35.79
	30以上	13	1.16	61.54
养殖规模	小规模	251	22.33	28.69
	中规模	759	67.53	45.45
	大规模	114	10.14	44.74
总样本		1 124		41.64

注：支付率为对应样本中愿意支付的养猪户比例。

6.4.2.3 变量选取与描述性统计

被解释变量为“生猪养殖户对粪污处理社会化服务的支付意愿”和“生猪养殖户对粪污处理社会化服务的意愿支付水平”。对于自变量，依据相关文献研究成果、CVM调查侧重点及影响粪污处理社会化服务支付意愿的特点，受访者个人特征（年龄、文化程度、养殖年限）、养殖特征（养殖规模、猪场与粪污消纳地距离、养殖收益）、对第三方治理粪污认知（外来车辆消毒不便、对第三方治理的预期）等变量可能影响养殖户的支付意愿和支付水平（表6-8）。其中，“猪场与粪污消纳地距离”是指养殖户经营的猪场与用于消纳粪污的农田的直线距离，在一定程度上距离能够反映粪污还田的成本因素；“养殖收益”是指养殖户在调研年度获得的每头猪的年均净收益；“外来车辆消毒不便”是指第三方治理企业的抽污车辆进入猪场抽运粪污时因消毒不方便存在携带病源和传染病的风险；“对第三方治理的预期”是指养殖户对第三方治理企业进行粪污处理效果的预期，即能否及时抽运粪污并进行有效处理，从而达到环保要求。地区变量中吉林省和辽宁省虽同属东北地区，但是在地理区位上存在差异，而且其经济条件和人文状况也不一样，所以设置地区虚拟变量来表示各地区的特征，如产业发展水平、产业结构、基础设施状况、自然资源禀赋等。

表6-8 变量含义及描述性统计

类别	变量	定义及赋值	均值	标准差
被解释变量 个体特征	支付意愿	愿意=1；不愿意=0	0.416	0.493
	支付水平	平均每头每年愿意支付最大金额（元）	4.641	2.141
个人特征	年龄	受访者实际年龄（岁）	46.424	8.580
	文化程度	高中及以上=1；高中以下=0	0.214	0.411
	养殖年限	从事养猪业时间（年）	13.577	6.706
养殖特征	养殖规模	年均生猪存栏量（头）	459.490	807.358
	与粪污消纳地距离	猪场与农田直线距离（m）	237.293	645.854
	养殖净收益	每头猪年均净收益（元）	217.324	109.226
对第三方治理认知	外来车辆消毒不便	第三方治理抽污车辆进出消毒是否便利：是=1；否=0	0.096	0.295
	对第三方治理的预期	能够实现治理目标：是=1；否=0	0.486	0.500
控制变量	地区虚拟变量	吉林=1；其他=0	0.536	0.499
		辽宁=1；其他=0	0.464	0.499

整体来看，养殖户对粪污处理社会化服务的支付意愿并不强烈，仅占41.6%的养殖户表示愿意支付，支付水平均值约为4.64。大部分养殖户主年龄普遍偏高，养殖年限相对较长，具有较为丰富的养殖经验，但是文化程度普遍偏低；调研当年生猪养殖整体上处于盈利状态，养殖规模相对偏小，猪场与粪污消纳地存在一定的距离；大多养殖户认为外来抽污车辆存在消毒不方便的问题，并且对第三方治理粪污的效果存在疑虑。

6.4.3 结果分析

6.4.3.1 支付意愿与支付水平

在Heckman两阶段估计中，结果方程中解释变量要少于选择方程的解释变量个数，且少出的解释变量对选择方程影响较大，但不影响回归方程结果。基于这一原则，在第一阶段中引入9个解释变量，在第二阶段中引入8个解释变量，针对生猪规模养殖户对粪污处理社会化服务的支付意愿与支付水平进行回归分析，结果如表6-9所示。从估计结果可以看出，逆米尔斯比率在5%的显著性水平上通过检验，说明样本存在选择偏误，适合采用Heckman两阶段估计。

（1）支付意愿

①从个人特征变量看。文化程度对支付意愿有显著影响且方向为正，表明在其他变量不变的条件下，文化程度越高的养殖户更愿意支付第三方粪污治理费用。可能的原因是文化程度越高的养殖户，对粪污处理成本更为了解，所以其支付意愿较高。养殖年限对支付意愿有显著影响且方向为负，表明养殖年限越短的养殖户的支付意愿越强烈。可能的解释是对于从事养殖业不久的养殖户，对粪污处理技术不了解，更愿意通过外源性治理支付的方式处理粪污。年龄对支付意愿影响不显著，表明该变量并不是决定养殖户支付意愿的关键因素。

②从养殖特征来看。养殖规模对养猪户的支付意愿显著且系数为正，即在其他条件不变的前提下，养殖规模越大，其支付意愿相对越高，结果与潘亚茹等[93]研究结论一致，此外，调查中也发现，养殖规模越大，产生的粪污就越多，养殖户处理粪污的成本也就越高，更愿意为第三方治理企业支付费用处理粪污。猪场与粪污消纳地距离对养殖户的支付意愿显著正向影响，表明猪场距离粪污消纳地越远，其支付意愿越强烈，可能的解释是，距离粪污消纳地越远，粪污运输成本就越高，养殖户更愿意通过为外源性治理支付一定费用的途径处理粪污。养殖收益对养殖户的支付意愿影响显著为正，符合预期，表明养殖收益越高，其支付意愿越强烈。调研中也发现，大部分养猪户的家庭经济来源主要以养猪收入为主，收入越高，可支配收入也就越高，愿意为粪污处理社会化服务付费的概率越大，相应支付额度也就越高；反之，当生猪市场不景气时，大部分养猪户就不愿意为粪污处理社会化服务支付费用。

③从对第三方治理粪污的认知来看。“外来车辆消毒不便”与养猪户的支付意愿显著负相关。表明当养殖户认为第三方治理的抽污车辆消毒不便，则其支付意愿越弱。调研访谈中进一步证实，当受访者有生猪疾病防控意识时，考虑到第三方治理的车辆会在多个养殖场转运，可能会带来疫病，因此，其支付意愿就越不强烈。“对第三方治理的预期”与养猪户的支付意愿显著正相关。表明当养殖户认为通过第三方治理能达到粪污处理的预期目标，则其支付意愿就越强。

（2）支付水平

①从个人特征变量看。文化程度对支付水平有显著影响且方向为正，表明在其他变量不变的条件下，文化程度越高的养殖户对外源性治理的支付水平越高。可能的原因是文化程度越高的养殖户，越有承担粪污治理成本的意识，所以其支付水平较高。年龄和养殖年限变量对养殖户为粪污处理社会化服务的支付水平影响均不显著，表明这些变量并非决定养殖户支付水平的关键因素。

②从养殖特征来看。猪场与粪污消纳地距离对养殖户的支付水平显著为正，表明距离越远，支付水平越高，可以解释为，距离粪污消纳地越近的养殖户，其就近就地消纳粪污的可能性越大，投资于第三方治理提供的粪污处理社会化服务的机会成本就越高，导致支付意愿较弱，这一结论与郭霞等[98]的研究结论一致。养殖收益对养殖户的支付水平影响显著为正，这一结论与熊凯等[227]研究结论一致。养殖规模对养殖户为粪污处理社会化服务的支付水平影响不显著，表明这些变量并非决定养殖户支付水平的关键变量。

从第三方治理认知来看。“对第三方治理的预期”对养殖户的支付水平影响显著为正，表明养殖户对第三方治理企业的粪污处理能力预期越高，其支付水平也就越高。

表 6-9　Heckman 两阶段估计结果

变量	阶段一：支付意愿	阶段二：支付水平
	系数	系数
年龄	-0.007（0.007）	0.003（0.013）
文化程度	0.351**（0.143）	0.497*（0.299）
养殖年限	-0.026***（0.009）	-0.019（0.020）
养殖规模	0.0003***（0.0001）	0.0002（0.0001）
猪场与粪污消纳地距离	0.0002**（0.0001）	0.0004**（0.0002）
养殖收益	0.001**（0.0005）	0.004***（0.001）
外来车辆消毒不便	-0.583***（0.210）	—
对第三方治理的预期	2.923***（0.136）	5.713***（2.004）
省份	控制	控制
常数项	-1.573***（0.352）	-2.757（2.222）
逆米尔斯比率（Mills）	—	2.314**（1.001）

注：①总样本数=1 124；无意愿样本=656；Wald chi^2（7）=20.92；P 值=0.007。

②***、**、*分别表示 1%、5%、10%的统计显著性水平，括号内为稳健标准误。

6.4.3.2 支付水平期望值

研究养猪户对粪污处理社会化服务意愿支付水平的影响因素，是为了测算养猪户的平均意愿支付水平。由表6-8可知，当前调研地区养殖户支付水平的均值约为4.64元/（头·年）。参照公式（6-7），在剔除样本选择偏误后，利用参数估计法测算生猪规模养殖户对粪污处理社会化服务的意愿支付水平的期望值约为6.47元/（头·年）。在四川省浦江县生猪养殖粪污第三方治理的实践中，第三方治理企业对养猪户的收费标准[⑲]约为7.04元/（头·年），略高于本研究中养殖户对第三方治理企业的意愿支付水平。

6.4.4 结论与启示

养殖户对粪污处理社会化服务的支付意愿并不强烈，仅占41.6%的养殖户表示愿意支付。养殖户的支付意愿和支付水平受多种因素的影响，且存在差异。影响养殖户支付意愿的因素主要有文化程度、养殖年限、养殖规模、猪场与粪污消纳地距离、养殖收益、外来车辆消毒不便、对第三方治理的预期。影响养殖户支付水平的因素主要有文化程度、猪场与粪污消纳地距离、养殖收益、对第三方治理的预期。在意愿支付水平的基础上测算出养殖户的支付水平期望值为6.47元/（头·年）。通过研究可以发现，养殖收入是影响养殖户对粪污处理社会化服务的支付意愿与支付水平的核心问题。养殖收入是养殖户对第三方治理进行支付的基础，只有其达到一定水平，才有意愿和能力进行支付。因此，应通过各种有效措施保障养殖户的养殖收入水平，进而促进粪污处理社会化服务受益者付费机制的建立与完善。

为更好发挥外源性治理在粪污治理中的作用，尤其是对于克服中小规模养殖户在粪污治理方面存在的问题，采取相应措施激发养殖户参与外源性治理的积极性，保障第三方治理的长期有效运行。一方面，加大宣传培训力度，提高养殖户对粪污治理的认知水平。通过对农村生态环境保护重要性的宣传，增强养殖户对粪便污染环境的认知，提升养殖户的环保意识，进一步明确养殖户对粪污无害化处理和资源化利用的标准和要求，从而合理引导养殖户逐步提高其支付意愿与支付水平。另一方面，加强养殖户对第三方治理企业提供粪污处理社会化服务的认知。通过典型案例示范等形式，增强养殖户对第三方治理效果的感知，提升其对粪污处理社会化服务的认可度，引导

---

⑲ 资料来源：https：//sichuan.scol.com.cn/ggxw/201702/55826141.html，为了便于比较分析，数据单位根据生猪排泄系数进行换算进行统一，排泄系数同文中第6.3.2节所述。

养殖户积极参与第三方治理，并为第三方治理分担一定的成本。此外，引导养殖户配建并合理布局粪污储存设施，避免第三方治理企业的抽污车辆携带病菌对生猪养殖带来潜在风险。

6.5 生猪规模养殖粪污选择外源性治理的驱动机制

根据经济人假说，养殖户的基本目标是追求利益最大化，由于粪污治理外部性的存在，这一目标与粪污治理强调的生态环境保护目标并不完全一致。生猪规模养殖粪污治理必然受到主要利益相关者的目标利益追求、相关政策、市场等内外部环境驱动的相互作用与共同影响。由主要利益相关者的目标利益驱动、政策激励驱动等组成生猪规模养殖粪污治理的内源驱动因素；外源动力因素主要包括市场需求拉动、政府推动等动力因素。

6.5.1 外源性治理的系统要素

6.5.1.1 内部驱动因素

（1）粪污治理主要相关主体的利益目标导向驱动。利益导向是相关主体从事粪污治理的根本动力，在促进生猪规模养殖粪污治理的所有内部动力中占据主导地位，利益目标导向要素指相关利益主体在进行粪污治理过程中所追求的各种利益。具体到生猪规模养殖粪污治理，其利益目标作用主要表现为驱使相关利益主体持续进行粪污治理的源动力，在某种程度上也是相关主体追求的重要目标，主要目的是实现相关主体的利益最大化。外源性治理相关主体主要为政府、养殖户、第三方治理企业、种植户和社会公众。其中，政府的利益目标主要是实现粪污的资源化利用，达到环境保护的要求；养殖户的利益目标是以最小的成本达到粪污治理要求；第三方治理企业的利益目标是通过粪污收集、存储、运输、集中处理和综合利用，追求利益最大化；种植户的利益目标是通过施用有机肥获得有机农产品增加收入；社会公众的利益目标是获得舒适的生活环境和环境友好的农产品。相关主体在粪污治理中的利益追求和实现构成其推进生猪规模养殖粪污治理的内源动力。

（2）政府相关制度激励驱动。内部激励是通过采取合理的激励措施和奖惩制度对相关主体的行为进行规范，激发行为主体的潜能，促使其行为与目标保持一致的一种制度框架[228]。制度经济学认为一项合理的制度除了能够节约制度成本以外，对提高效率的作用也十分显著。例如，关于病死猪无害化处理，因受国家补贴公共政策与动物卫生监管执法的影响，越来越多的养殖户接受并采用无害化集中处理，选择销售、无处理丢弃病死猪的行为明显减少。因此，生猪规模养殖粪污治理同样需要政府相关激励制度的驱动和支撑[229]。

6.5.1.2 外部驱动因素

在生猪规模养殖粪污治理的整个过程中，市场需求拉力和政府推动力分别从粪污治理系统外部的不同角度对粪污治理主体发挥作用，对相关责任主体的行为发生具有直接影响，这些因素共同推进生猪规模养殖粪污治理的发展。

（1）市场需求拉动。市场需求是推动生猪养殖粪污治理的最主要外部动力之一，动力主要来自养殖户对粪污处理社会化服务的需求、种植户对有机肥的需求以及社会公众对舒适的生活环境和环境友好型生猪产品的需求，是推动粪污治理的动力源和起点，对生猪规模养殖粪污治理产生重要影响。市场需求因社会经济发展处于动态变化之中，粪污治理的相关责任主体在追求个人利益与发展的同时，须符合生猪养殖业不同发展阶段的变化与要求，从而满足其他相关主体对粪污治理产品或服务的需求，进而形成对粪污治理行为的推动和激励，构成拉动粪污治理的直接驱动力量。另外，对于粪污治理过程中产生相关服务或产品的供给主体来说，对相关服务或产品的需求会对其供给产生一定的诱导力。尽管市场需求拉力对生猪规模养殖粪污治理提供最为直接的动力，但是市场失灵往往伴随着粪污治理的公共物品性而出现，因此，需要一只“看得见的手”对其进行合理的引导。

（2）政府推动。由前文分析结论可知，地方政府在生猪养殖粪污治理中发挥着显著的正向推动效应，能够在很大程度上促进养殖户粪污治理行为的发生，地方政府职能大小紧密关联着生猪规模养殖粪污治理效果，决定着能否长久有效实现粪污治理。政府制定的粪污治理的相关制度、政策、法规等，都将对生猪规模养殖粪污治理动力机制的建立方向发挥关键性作用，能够引导相关责任主体的粪污治理行为，成为提高粪污治理效率的有效手段。一方面，政府通过制定相关政策法规能够为粪污治理的可持续发展提供良好的法律环境和政策环境，发挥政府职能协调粪污治理相关责任主体之间的利益关系，并且能够为粪污治理提供基础保障，从而激发相关主体的治理行为；另一方面，通过顶层设计，统筹人力、物力、财力等社会资源并进行合理配置，发挥社会资源在粪污治理工程项目中的高效利用，确保项目的顺利实施和运行，此外，政府部门能够有效发挥其职能优势充分引导社会资本流向粪污治理中来，从而减轻政府和养殖户在粪污治理方面的资金压力；与此同时，政府制定的经济激励型规制和命令控制型规制对促进相关责任主体的行为具有重要作用。

6.5.1.3　宏观环境因素

生猪规模养殖粪污外源性治理系统的宏观外部环境因素主要是指促进粪污治理相关责任主体行为发生的、市场与政府作用以外的影响因素，主要包括国家政策导向、市场环境、社会经济环境等。该系统是基于生态循环发展理念，与外部环境存在物质和能量交换的开放体系。因此，可持续的粪污治理除了需要发挥市场和政府的作用，其所处的外部环境也至关重要。

6.5.2　外源性治理驱动机制的构建

生猪养殖粪污外源性治理的内、外动力系统并不是相互孤立的，而是相互协作，共同形成了一个大的粪污治理动力系统。一般来说，内因在事物的发展过程中起主导作用，外因总是通过内因而起作用，生猪规模养殖粪污治理的内、外源动力系统也符合这一规律，外源动力因素是通过诱导、驱动等方式，最终转化为内在动力进而影响到粪便资源化处理与污染的有效治理。宏观外部环境是粪污治理的大环境因素，这会在一定程度上影响粪污治理进程。此外，生猪规模养殖粪污治理作为一个系统工程，需要各相关主体的协同参与，这势必要激发相关主体的粪污治理动机和治理行为。其中，包括养殖户、第三方治理企业及少量种植户等在内的粪污治理主体就是需要激励的对象，充分调动这些主体的积极性、主动性是推动粪污治理的关键。因此，必须构建一套能够激发相关主体积极性的内部激励制度和机制，确保粪污治理机制能够持续长效。

生猪规模养殖粪污治理驱动机制是在粪污治理过程中促使内部驱动和外部驱动因素之间相互影响和相互作用的方式，进而形成促进粪污治理发展前进的动力体系。通过分析粪污治理内外动力因素以及这些动力因素如何相互作用以促进粪污治理可持续，从而满足相关利益主体的利益诉求、解决其利益矛盾，最终实现粪污治理带来的利益共赢，粪污治理驱动机制也由此形成（图 6-2）。

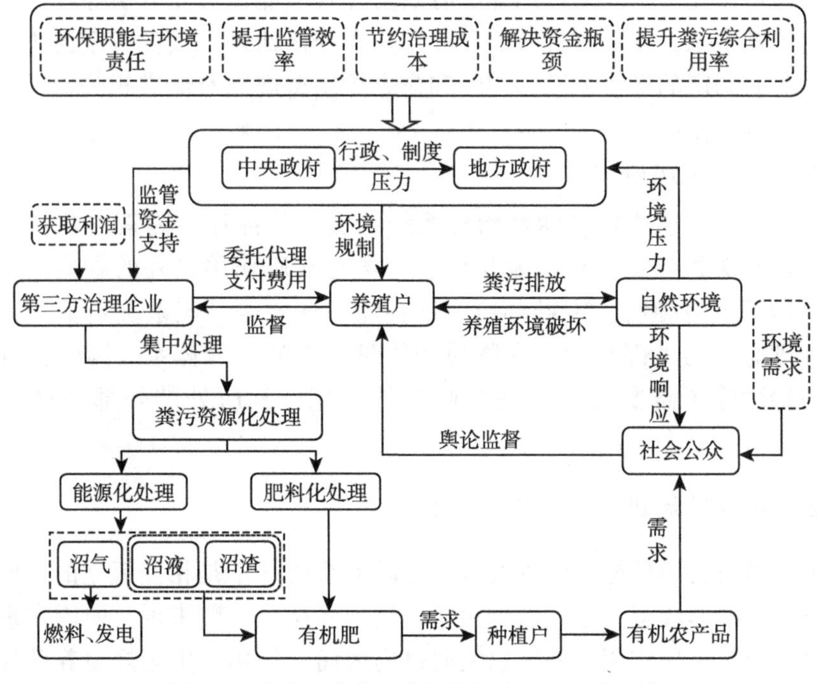

图 6-2　生猪规模养殖粪污外源性治理驱动机制

6.6　本章小结

本章从产业链尺度的外源性治理视角出发，理论探讨了外源性治理的适用性、内在机理及其现状。在此基础上，实证分析了不同规模养殖户参与外源性治理的意愿，并基于“受益者付费、第三方治理”的原则，实证分析养殖户对外源性治理的支付意愿和支付水平及其影响因素，得出以下主要结论。

生猪规模养殖粪污外源性治理不仅能够实现中小规模养殖粪污的集约化处理、降低政府部门监管成本、促进粪污处理技术创新，还有利于弥补现有相关法规制度的缺失。然而，在外源性治理过程中仍然面临的一些问题，如法律责任界定模糊、市场准入与退出机制尚未建立以及制度不健全等。尤其是外源性治理的成本分摊问题及相关主体的责任界定。

养殖户参与外源性治理的意愿较高（70.1%），其中，中小规模养殖户的参与意愿相对较为强烈。从影响不同规模养殖户参与外源性治理意愿的因素看，小规模养殖户主要受文化程度、猪场与粪污消纳地距离、粪污能否完全消纳、粪污处理技术、粪污处理经济条件、粪污装运是否容易等因素的影响；中规模养殖户主要受养殖净收益、粪污消纳地面积、粪污能否完全消纳、粪污处理经济条件的显著影响；大规模养殖户主要受文化程度、粪污能否完全消纳、粪污处理经济条件的显著影响。

从“受益者付费、第三方治理”的角度，在 CVM 调查数据基础上，探讨生猪规模养殖户对粪污处理社会化服务的支付意愿，并通过 Heckman 两阶段模型克服样本选择性偏差进一步分析影响养殖户支付水平的影响因素及其意愿支付水平。结果表明，生猪规模养殖户对粪污处理社会化服务的支付意愿并不强烈，仅占 41.6%的养殖户表示愿意支付。养殖户的支付意愿和支付水平受多种因素的影响，且存在差异。影响养殖户支付意愿的因素主要有文化程度、养殖年限、养殖规模、猪场与粪污消纳地距离、养殖收益、外来车辆消毒不便、对第三方治理的预期等。影响养殖户支付水平的因素主要有文化程度、猪场与粪污消纳地距离、养殖收益、对第三方治理的预期等。在意愿支付水平的基础上测算出养殖户的支付水平期望值为 6.47 元/（头・年）。在此基础上，进一步探讨生猪规模养殖粪污外源性治理系统要素，构建外源性治理的驱动机制。

第7章　结论与政策建议

鉴于我国生猪养殖过程中存在的粪污治理难度大、治理效率低等问题，本研究基于生态循环理念，运用行为经济学、外部性理论、博弈论、委托代理等理论与方法，构建优化生猪规模养殖粪污治理路径的研究框架。首先，在宏观分析我国生猪规模养殖粪污特征、粪便污染成因、治理困境的基础上，提出从内部化治理和外源性治理的方式和路径，分析不同方式下相关主体的治理策略，结合实地调研获得的数据和资料，分析调研区域粪污治理状况；其次，从微观层面对养殖户粪污内部化治理意愿与行为的差异性进行探讨，并对不同规模养殖户粪污内部化治理行为特征及影响因素开展了实证分析；然后，分析内部化治理方式下养殖户对粪污肥料化处理利用和能源化处理利用的选择偏好及其决策因素，并结合案例分析其成本收益状况；最后，在梳理粪污外源性治理适用性的基础上，实证分析养殖户对第三方治理的参与意愿、支付意愿及支付水平，并基于此构建生猪规模养殖粪污外源性治理驱动机制。综合上述研究，主要得出如下结论并提出对策建议。

7.1　主要结论

7.1.1　种养分离阻碍粪污有效利用，粪污治理效果受相关责任主体行为影响

生猪养殖粪便由农业生产资料的重要来源转变为环境污染源，虽历经政策演变并加大环境规制强度，但由于制度缺失，相关政策不完善，粪污治理难题依然较大。主要表现为专业化、规模化生产导致的种养分离使粪污利用受阻。一方面受土地资源、经济水平、养殖技术和规模发展等因素的影响，生猪养殖发展的地理集聚效应显著，时空分布不均衡，部分区域资源环境承

载力不足；另一方面由于粪污产生的连续性和还田利用的季节性，规模养殖与粪污治理相关要素不匹配增加了粪污治理难度，如粪污消纳地、粪污治理技术与资金以及产品市场要素缺失等。

基于种养循环的空间与产业链特征，生猪规模养殖粪污治理需要借助产业链和组织创新等方式实现，提出以养殖户为治理主体的内部化治理方式和以第三方治理企业为治理主体的外源性治理方式，并对相关主体的治理责任及行为进行界定或规范，不同的粪污治理方式涉及不同的责任主体。两种粪污治理方式形成了粪污治理的两个市场及不同治理策略，其中，内部化治理方式下地方政府与养殖户双方主体理想策略是“不引导、治理”，而满足该策略的条件是降低养殖户粪污治理成本、实现或提升粪污治理收益、增强养殖户对粪便污染造成养殖损失的认知，同时，通过加大政府补贴力度和监管处罚力度，促使养殖户进行粪污治理；外源性治理方式下地方政府、养殖户、第三方治理企业三方主体的理想策略是“不引导、参与治理、处理”，而满足该策略的条件是地方政府在策略初期增加粪污治理经费投入，加大对第三方治理企业和养殖户的补贴和奖励力度，尽量降低第三方治理企业的治理成本，加强对第三方治理企业的监管处罚力度，增强养殖户对粪污处理带来额外收益和粪便污染造成额外损失的认知。

7.1.2　养殖户的粪污治理意愿与行为存在不一致性，且治理行为受多种因素制约

养殖户的粪污治理行为是对其治理意愿的一种有效响应，治理意愿对治理行为有较强的导向和影响，但意愿与行为之间并不完全一致，存在一定的差异，如在小规模中仍有 58.97%的养殖户有治理意愿却未发生治理行为，而大规模中有 55.32%的养殖户没有治理意愿但却发生治理行为。从意愿转化行为视角分析发现养殖规模、粪污消纳地面积、养殖净收益、周边群众舆论、粪污处理技术、粪污处理经济条件、粪污处理相关培训、政府补贴和政府监管等对养殖户的治理意愿向行为转化具有显著的正向促进作用。而对于“无意愿有行为”的养殖户更多的是受外界压力的影响，且这种治理行为在外界压力减弱的情况下具有随时终止的风险。

从不同规模养殖户粪污治理行为的影响因素来看，小规模养殖户的粪污治理行为主要受粪污消纳地面积、养殖净收益、周边群众舆论、政府补贴、政府监管等因素的显著正向影响，养殖年限对其行为有显著负向影响，进一

步通过 ISM 分析发现，粪污消纳地面积、养殖净收益、周边群众舆论、政府监管等因素是影响其行为的表层因素，而养殖年限和政府补贴成为影响其行为的根源因素；中规模养殖户粪污治理行为主要受粪污消纳地面积、对人体健康影响认知、粪污处理技术、粪污处理经济条件、粪污治理宣传、粪污处理相关培训等因素的显著正向影响，养殖年限、猪场与村庄距离对其行为有显著负向影响，ISM 分析发现，猪场与村庄距离、粪污处理经济条件、粪污处理技术、粪污消纳地面积是影响其行为的表层因素，养殖年限、政府补贴、对人体健康影响认知是影响其行为的间接因素，而粪污治理宣传、粪污处理相关培训是影响其行为的根源因素；大规模养殖户的粪污治理行为主要受养殖年限、养殖净收益、周围环境污染认知、政府补贴等因素的显著正向影响，ISM 分析发现，养殖净收益、周围环境污染认知是影响其行为的表层因素，养殖年限、政府补贴是影响其治理行为的根源因素。

7.1.3 环境规制对促进粪污治理影响显著，但政策手段有待完善

市场失灵的局限性、不稳定性和不协调性导致了政府干预的必要性。从意愿转化行为视角分析结果来看，政府监管和政府补贴能够提高养殖户治理意愿与治理行为一致性的概率，并且明显高于其他因素对养殖户粪污治理行为的作用，除了能够促进养殖户治理意愿向治理行为转化，还能够有效激发养殖户治理行为的发生。通过分析政府监管对“无意愿”养殖户治理行为的影响效应，发现政府监管对养殖户的粪污治理行为具有显著的正向促进作用，能够在一定程度上促进“无意愿”养殖户实施粪污治理。

但是，调研统计数据显示，享受过政府补贴的生猪规模养殖户覆盖率非常低，约占 14.6%，且偏向于规模化程度较高的大规模养殖户，其中，中规模和小规模养殖户覆盖率更低，分别仅约占各自样本的 12.0%和 7.6%，而且补贴方式单一，关于粪污处理设施的相关补贴大多为先建后补的单一形式，经济激励手段不完善；虽然整体上政府监管力度很大，但是由于制度不完善，相关文件并没有将小规模和部分中规模养殖户纳入环保监管体系，直接导致对该部分养殖户的监管缺失。此外，对于不同规模养殖户的经济激励、奖惩措施、粪污治理技术标准及区域特殊性等问题缺乏因地因类而异的政策手段。

7.1.4 内部化治理方式下养殖户偏向于肥料化处理利用粪污

养殖户虽然意识到粪污经有效处理利用能够带来一定的收益，并愿意采

用相应的粪污处理方式进行粪污治理，但在粪污处理技术和经济条件等方面存在顾虑。在对粪污处理利用方式选择中，养殖户更倾向于选择肥料化处理利用，尤其在小规模和中规模养殖户中表现较为明显，其次是能源化处理。虽然部分养殖户能够通过建造沼气池和配套相应设施采用厌氧发酵技术对粪污进行能源化处理，但由于存在资金投入大、技术要求高等问题导致养殖户采用能源化处理利用方式的比例较低，其中，大规模养殖户资金实力相对较强，采用能源化处理粪污的占比相对较高。即使肥料化处理还田利用受季节性和粪污消纳地面积等因素的制约，但养殖户出于治理成本的考虑，仍然偏向于选择经济成本低的粪污处理利用方式。

从影响因素分析来看，养殖户选择肥料化处理主要受养殖净收益、粪污消纳地面积、粪污处理技术、粪污处理经济条件、政府补贴、治理意愿等因素的显著正向影响；而养殖户选择能源化处理主要受粪污消纳地面积、粪污处理技术和政府补贴等因素的显著正向影响。养殖年限较长的养殖户受以往长期粗放粪污处理方式的影响，不利于养殖户选择肥料化和能源化处理。其中，大规模养殖户更倾向于选择能源化处理。

7.1.5　内部化治理能够实现大规模养殖粪污治理综合效益，但市场吸引力不足

在粪污能源化处理利用方式下，通过建设大型沼气工程生产多元化产品，建立以沼气为纽带的种养结合的生态养殖模式、调整猪场产业结构，延伸其生产的产业链，充分发挥沼气、沼渣、沼液的价值，实现沼气工程的综合效益，能够较好解决粪污治理难题，提高粪污资源化利用率，并且能够带来相应的经济社会效益，同时，粪污能源化产品价格，如沼气发电电价、沼气、沼渣、沼液等价格的变化对于沼气工程收益均产生较大影响，其中，沼液价格及其销售量成为决定案例猪场粪污能源化处理盈利状态的关键要素。在粪污肥料化处理利用方式下，通过配备堆粪场、氧化池等设施对粪污进行无害化处理，并实现种养结合，可以带来可观的经济效益。通过对比分析发现，粪污肥料化处理的总投资和运行成本均低于能源化处理的相应费用，从成本最小化角度来看，养殖户更倾向于选择肥料化处理粪污，而能源化处理的净收益高于肥料化处理的净收益，这也是部分养殖户愿意通过能源化处理粪污的原因之一。但是，从投资回收期来看，两种粪污处理利用方式的项目投资回收期均较长，缺乏经济吸引力，在很大程度上降低了养殖户治理粪污

的积极性。

7.1.6 外源性治理能够实现中小规模养殖粪污集约化处理，但面临的挑战较大

通过引入外源性治理，充分发挥第三方治理的专业化优势以及粪污治理的规模经济效应，能够有效解决单个养殖户在粪污治理过程中存在的资金、技术短缺及治理主体缺位等难题，实现中小规模养殖粪污处理集约化，克服单个养殖户内部化治理的规模不经济问题，提高粪污处理效率。第三方治理以项目企业自身作为粪污治理的最终责任主体，政府监管对象也由分散的养殖户转向第三方治理企业，监管的范围大幅度缩小，监管难度也随之下降，使政府监管更为有力，通过粪污治理主体转移及相关主体责任的明晰，不仅能够有效解决政府监管人员不足问题，还能有效提高政府监管效率。对于第三方治理企业，通过引进国内外先进的粪污处理技术，配备专业的技术人员，能够有效统筹技术、人才和管理等资源，发挥专业化治理的优势，能够提高粪污处理效率、提升粪污处理效果，在一定程度上弥补了养殖户处理能力不足的缺陷。

但是，第三方治理运行过程中仍然面临的一些问题亟待解决，如法律责任界定模糊，养殖户认为若委托第三方治理企业进行粪污治理，若粪污处理不及时或不达标，就应该让第三方治理企业全权承担责任；而地方政府相关部门认为若粪污处理不达标，在加强对第三方治理企业的监管和处罚以外，仍然需要对相关养殖户进行追责，因此，在双方签订体现契约关系的合同责权利方面应加强法律保障。市场准入与退出机制尚未建立，一方面表现在缺乏完善的市场准入机制，增加养殖户选择第三方的难度；另一方面表现为第三方治理运行过程中，如果没有相应的约束措施，若第三方治理企业不再遵守合同约定履行粪污治理职责，养殖户将面临粪污输出受阻的风险，将极大地降低养殖户对第三方治理的信任度。此外，存在成本分摊机制不健全等问题，资金来源是制约第三方治理企业得以持续运行的关键环节和物质保障。然而第三方治理企业难以承担粪污治理的高额成本，大多依靠政府专项资金支持，给政府带来较大的财政压力，养殖户能否合理分担费用成为外源性治理能否持续运行的必要条件。

7.1.7 养殖户对外源性治理的参与意愿较为强，但支付水平相对较低

作为外源性治理的重要组成部分，养殖户对外源性治理的需求为第三方

治理企业的发展提供市场环境。整体上，养殖户受粪污治理能力制约，其参与外源性治理的意愿较为强烈，其中，中小规模养殖户的参与意愿相对较强，参与意愿率近 70%。养殖户作为服务的购买方，对第三方治理企业提供粪污处理服务的支付意愿在一定程度上影响着外源性治理市场机制的有效运行，然而养殖户对第三方治理的预期存在疑虑，其支付意愿相对较弱，支付意愿率仅约 42%。

从参与意愿影响因素分析看，小规模养殖户主要受猪场与粪污消纳地距离、粪污能否完全消纳、粪污处理技术、粪污处理经济条件、粪污装运是否容易等因素的负向显著影响，而文化程度对其影响显著为正；中规模养殖户主要受养殖净收益、粪污消纳地面积、粪污能否完全消纳、粪污处理经济条件的负向显著影响；而大规模养殖户主要受文化程度、粪污能否完全消纳、粪污处理经济条件的显著负向影响。

从支付意愿与支付水平影响因素分析看，养殖户的支付意愿主要受文化程度、养殖规模、猪场与粪污消纳地距离、养殖收益、对第三方治理的预期等因素的正向影响，具有显著负向影响的因素是养殖年限、外来车辆消毒不便。而养殖户的支付水平主要受文化程度、猪场与粪污消纳地距离、养殖收益、对第三方治理预期的显著正向影响。通过测算得出养殖户的平均意愿支付水平为 6.47 元/（头·年），略低于文献报道的四川省浦江县生猪养殖粪污第三方治理实践中的收费标准。

7.2　政策建议

为了推动生猪养殖粪污治理，我国政府出台了一系列行业政策及措施，而政策制定既要积极发挥主观能动性，也要顺应社会发展规律。粪污治理应以发展环境友好型的可持续生猪养殖业为目标，做好宣传，以绿色发展理念引领推动养殖户治理粪污的具体实践，做出基于养殖户合理诉求和利益最大化的粪污治理决策。结合本研究的主要结论，提出如下政策建议。

7.2.1　以区域资源环境承载力为基础，进一步优化生猪养殖布局

依托当地生猪养殖业发展基础，整合资源，发挥区域自然资源禀赋优势，合理调整约束发展区的发展思路和区域布局，有效挖掘潜力增长区生猪养殖业适度发展潜力。应发挥生猪养殖高水平地区的辐射带动作用，生猪养

殖业发展水平较高的地区具有明显的经济、技术优势，以市场需求为导向，提倡资源共享，促进资金、技术等要素转移到生猪养殖潜力增长区，同时，约束发展区生猪养殖业通过将资金、技术、劳动力转移到其他适宜生猪养殖区域，不仅能够缓解当地区域资源环境超载问题，还能带动其他地区农业经济发展。尤其要发挥粮食主产区优势，实施合理布局策略，各地应因地制宜地编制生猪养殖业发展规划，避免盲目推进，引导生猪养殖业合理有序发展，实现生猪养殖的区域性种养平衡。

7.2.2 完善生猪规模养殖粪污治理监管制度，实施分级管理

鉴于中小规模养殖户数量庞大、且在一定时期或较长时期仍将存在的现实，应将小规模和中规模养殖户纳入监管体系，统一地方政府环保部门与畜牧部门对粪污治理的监管标准与规范，并从产前预防、过程控制和产后利用等环节加强监管力度，破解现行“规模化”粪污治理的二元环境管理格局。对不同规模养殖户实行建档立卡、分级管理，搭建统一管理、分级使用、共享直联的管理平台，加强对粪污治理的动态监管。对于大规模养殖户，落实养殖户主体责任和规模养殖环评制度，对环评不达标或未执行“三同时”制度的养殖户应依法予以处罚；对于中小规模养殖户，在加强政府监管的同时，充分发挥群众舆论、公众参与、典型示范的作用，总结先进典型和经验进行宣传和报道，并采取适当的奖励措施进行有效激励。

7.2.3 重视不同规模养殖粪污治理的差异性，进行分类施策

制定和实施差异化的政策支持和监管标准，既能避免环境规制“一刀切”，也是化解生猪规模养殖粪污治理困境的重要举措。对于布局分散的小规模养殖户，加强粪肥运输环节补贴力度，例如，粪污运输机械和粪肥抛洒机械补贴，配套相应面积农田保证有足够的粪污消纳地，此外，还需要加强政府监管，同时充分发挥周边群众的舆论监督作用促使养殖户进行粪污治理；对于布局分散的中规模养殖户，应进一步加强对猪场的合理布局，在实施政府补贴、配套粪污消纳地面积的同时，还需要加强粪污治理宣传和培训，提高养殖户对粪便污染影响人体健康的认知及对粪污处理技术的了解程度；对于大规模养殖户，应通过多种途径加强对周边环境污染认知的提升，以发挥其自身带动示范作用，同时，制定适当的支持政策，如实施沼气发电并网许可、发电设备补贴等，既要支持沼气工程建设，还要支持能源化产品

的再利用，如沼气、沼渣、沼液的合理利用，避免二次污染发生，此外，支持其进行土地流转，保证粪污有足够的消纳地就近就地及时消纳，或者通过建立大型有机肥厂与其配套，从而实现粪污有效治理；对于区域布局相对密集的中小规模养殖户，由于粪污治理关键要素缺失，引导养殖户积极参与外源性治理，由第三方治理企业对粪污进行集中收集，并进行专业化处理，从而化解单个养殖户无法实现粪污有效治理的困境。

7.2.4 完善相关的配套措施，调动养殖户粪污治理积极性

生猪规模养殖粪污内部化治理通过肥料化、能源化等方式生产多元化的附加值产品，成为增加粪污治理经济效益并实现长期盈利的关键。研究显示，沼气收益占整个沼气工程产品收益的40%左右，而通过沼渣沼液作为有机肥原料加工生产有机肥，能够实现近60%左右的收益，并且沼液价格及其销售量成为决定案例猪场粪污处理盈利状态的关键要素。因此，应通过培训和实地观摩等形式加强养殖户对肥料化、能源化等处理技术与方式的认知，同时，要通过土地流转或与种植户签订协议等形式配套粪污消纳地实现种养结合，提升粪污治理的经济效益；还应完善政府补贴形式和渠道，统筹并优先解决生猪养殖粪污资源化利用的用地问题，落实农业用电政策和粪污处理设施设备的购置补贴政策，加大粪污运输设备和粪肥还田抛洒机械等的精准补贴力度，对养殖粪污处理生产沼气、提纯天然气和有机肥项目在税收和信贷方面进行优惠，以加大养殖户进行内部化治理的动力，尤其以此缓解小规模养殖户治理成本压力。此外，实施沼气处理的大规模养殖户应更加注重沼气、沼渣和沼液的深加工，如：罐装天然气、车用燃气、生态有机肥、作物营养液等，依托绿色能源和有机农业，通过自有产品升值来体现沼气、沼渣和沼液的高附加值，也是提高其经济效益，实现长期盈利的根本保障。

7.2.5 加强粪污第三方治理的资金支持，推动市场化运作

生猪规模养殖粪污第三方治理应坚持“政府支持”的原则，积极对接国家在推进粪污外源性治理过程中实施的工程项目，将先进技术和典型模式引入到粪污治理中来，同时，结合国家在绿色发展示范县创建、种养循环一体化建设、有机肥代替化肥行动、沼气工程建设等方面的项目工程，支持粪污第三方治理相关工程项目的资金配套；进一步明确财政投入领域，如粪污处理设施标准化改造、种养一体化实施、粪污资源化产品标准化、市场运行等

的具体任务。另一方面，坚持政府引导、企业主体和市场化运作原则，通过引入第三方治理充分发挥社会资本等资源在粪污治理中的高效利用，建立可持续的市场化运作机制，协调推进粪污治理与生猪生产的健康发展；各地要发挥奖补资金的引导作用，通过政府与社会资本合作、政府购买服务等方式，带动金融和社会资本参与到畜禽粪污治理之中，以提高市场化运作效率。

7.2.6 推动制度与机制创新，完善政策保障体系

建立健全生猪粪污资源化利用的政策保护体系，是一项长期的、复杂的系统工程，迫切需要进行长效的体制机制顶层设计创新。一是完善法律法规标准体系。依托现行的法律法规，统筹考虑制修订其上位法、下位法，完善部门规章和制度，健全粪污治理和粪污资源化产品的技术标准体系。二是探索金融稳定支持体系。金融部门尤其是国家政策性金融部门，要针对大中型沼气项目、热电联产项目、有机肥项目等粪污资源化处理利用项目，提供必要的贷款扶持。通过加大财政投入力度，如贷款贴息、增加补贴、减免税收、实施奖励、参股投入、地方配套等方式，发挥财政资本的乘数效应。三是建立第三方治理的成本分摊与风险共担机制。支持第三方治理的社会化服务组织发展，探索受益者付费机制，合理分摊第三方治理成本，保障第三方治理收益；生猪粪污处理及资源化有其天然的上下游产业，要千方百计地推行产业联合，形成市场主体之间的风险共担、利益共享机制，同时，探索建立相应的保险制度，做到防患于未然。四是构建部门联动机制。粪污处理及资源化利用，涉及环境保护、农牧、科学技术、循环经济发展综合管理等主管部门，需要通力配合、加强合作、即时沟通，建立定期会商机制，形成推动工作合力。

7.3 研究展望

本研究虽然取得了一定的研究成果，但是在现阶段受相关研究条件等因素制约，仍存在一些不足之处，还需要进一步深化研究。

(1) 在分析养殖户粪污治理意愿与行为及养殖户内部化处理粪污的模式选择的影响因素中，由于粪污处理成本核算困难，因此在调查中并未对该影响因素进行调查，而是运用养殖户对粪污处理经济条件的感知进行替代，在

未来进一步的研究当中应该完善此影响因素，分析结论更为准确。

（2）在案例分析中，对案例猪场粪污治理收益的测算结果虽然与被调查人的口径基本一致，但仍有一定的不确定性。文中对粪污治理收益测算时，运用的相关系数是相关学者的研究结论，与案例猪场实际情况有一定的误差，这直接导致对粪污治理收益的测算结果不精确，在未来还须进一步通过方法创新力图使其更为精确。

（3）本研究的调查样本及调查范围虽然具有一定代表性，但是仍然存在不足仍需进一步完善。由于养殖户的分散分布以及其他外部因素的影响，本研究在被调查对象的选择上，没有完全做到随机抽样，对研究结果可能会产生一定的影响。由于时间和精力有限，调查区域局限于我国生猪生产的潜力增长区。同时，对于外源性治理的相关研究中，主要是从养殖户角度对第三方治理展开分析，下一步将在此基础上对第三方治理相关内容及运行模式进行深入研究。

参考文献

[1] 孟祥海. 中国畜牧业环境污染防治问题研究 [D]. 武汉：华中农业大学，2014.

[2] 梁小珍，刘秀丽，杨丰梅. 考虑资源环境约束的我国区域生猪养殖业综合生产能力评价 [J]. 系统工程理论与实践，2013 (9)：2263-2270.

[3] 李新一. 推进种养业循环发展解决养殖污染问题 [J]. 中国畜牧杂志，2015 (10)：26-30.

[4] 宾幕容. 基于新制度经济学视角的我国畜禽养殖污染分析 [J]. 湖南社会科学，2015 (5)：147-152.

[5] 贾伟，臧建军，张强，等. 畜禽养殖废弃物还田利用模式发展战略 [J]. 中国工程科学，2017 (4)：130-137.

[6] 金书秦，韩冬梅，吴娜伟. 中国畜禽养殖污染防治政策评估 [J]. 农业经济问题，2018 (3)：119-126.

[7] 姜珂，游达明. 基于央地分权视角的环境规制策略演化博弈分析 [J]. 中国人口·资源与环境，2016 (9)：139-148.

[8] 杨惠芳. 生猪面源污染现状及防治对策研究——以浙江省嘉兴市为例 [J]. 农业经济问题，2013 (7)：25-29.

[9] 潘丹. 规模养殖与畜禽污染关系研究——以生猪养殖为例 [J]. 资源科学，2015 (11)：2279-2287.

[10] 饶静，张燕琴. 从规模到类型：生猪养殖污染治理和资源化利用研究——以河北 LP 县为例 [J]. 农业经济问题，2018 (4)：121-130.

[11] 吴根义，廖新俤，贺德春，等. 我国畜禽养殖污染防治现状及对策 [J]. 农业环境科学学报，2014 (7)：1261-1264.

[12] 刘忠，增院强. 中国主要农区畜禽粪尿资源分布及其环境负荷［J］. 资源科学，2010（5）：946-950.

[13] 孙良媛，刘涛，张乐. 中国规模化畜禽养殖的现状及其对生态环境的影响［J］. 华南农业大学学报（社会科学版），2016（2）：23-30.

[14] 赵俊伟，陈永福，余乐，等. 中国生猪养殖业地理集聚时空特征及影响因素［J］. 经济地理，2019（2）：180-189.

[15] 曹翠珍，胡娜. 我国畜牧业规模化养殖区域变动的分析框架和影响因素探讨［J］. 经济问题，2014（1）：88-93.

[16] 周晶，青平. 规模化养殖对中国生猪粪便污染的影响研究［J］. 环境污染与防治，2017（8）：920-924.

[17] Burkholder J M，Libra B，weyer P J，et al. Impacts of Waste from Concentrated Animal Feeding Operations on Water Quality［J］. *Environmental Health Perspectives*，2007，115：308-312.

[18] Welsh J R，Rivers R Y. Environmental Management Strategies in Agriculture［J］. *Agriculture and Human Values*，2011（3）：297-302.

[19] 连海明. 规模化养猪场粪污处理的成本与效益分析［D］. 北京：中国农业科学院，2010.

[20] Gao C，Zhang T L. Eutrophication in a Chinese Context：Understanding Various Physical and Socio-Economic Aspects［J］. *AMBIO*，2010（5-6）：385-393.

[21] Zheng C H，Bluemling B，Liu Y，et al. Managing Manure from China's Pigs and Poultry：The Influence of Ecological Rationality［J］. *AMBIO*，2014（5）：661-672.

[22] 彭靖. 对我国农业废弃物资源化利用的思考［J］. 生态环境学报，2009（2）：794-798.

[23] 姜海，雷昊，白璐，等. 不同类型地区畜禽养殖废弃物资源化利用管理模式选择——以江苏省太湖地区为例［J］. 资源科学，2015（12）：2430-2440.

[24] 陈章全，陈世雄，尹昌斌，等. 德国这样处理畜禽粪便［J］. 农村工作通讯，2017（14）：59-61.

[25] 潘昭隆，李婷玉，马林，等. 美国农田养分管理体系的发展及启

示［J］. 土壤通报，2019（4）：965-973.

［26］ 舒畅. 基于经济与生态耦合的畜禽养殖废弃物治理行为及机制研究［D］. 北京：中国农业大学，2017.

［27］ 谢琼瑶. 发展低碳农业支撑我国农业现代化研究［D］. 重庆：重庆师范大学，2012.

［28］ Bernath K，Roschewitz A，Lange E. Recreational Benefits of Urban Forests：Explaining Visitors' Willingness to Pay in the Context of the Theory of Planned Behavior［J］. *Journal of Environmental Management*，2008（3）：155-166.

［29］ 蒋磊，张俊飚，何可. 基于农户兼业视角的农业废弃物资源循环利用意愿及其影响因素比较——以湖北省为例［J］. 长江流域资源与环境，2014（10）：1432-1439.

［30］ 宾幕容，覃一枝，周发明. 湘江流域农户生猪养殖污染治理意愿分析［J］. 经济地理，2016（11）：154-160.

［31］ 陈诗波，王亚静，樊丹. 基于农户视角的乡村清洁工程建设实践分析——来自湖北省的微观实证［J］. 中国农村经济，2009（4）：62-71.

［32］ 张晖，虞祎，胡浩. 基于农户视角的畜牧业污染处理意愿研究——基于长三角生猪养殖户的调查［J］. 农村经济，2011（10）：92-94.

［33］ 宾幕容，文孔亮，周发明. 湖区农户畜禽养殖废弃物资源化利用意愿和行为分析——以洞庭湖生态经济区为例［J］. 经济地理，2017（9）：185-191.

［34］ MacLeod M，Moran D，Eory V，et al. Developing Greenhouse Gas Marginal Abatement Cost Curves for Agricultural Emissions from Crops and Soils in the UK［J］. *Agricultural Systems*，2010（4）：198-209.

［35］ 孔凡斌，张维平，潘丹. 基于规模视角的农户畜禽养殖污染无害化处理意愿影响因素分析——以5省754户生猪养殖户为例［J］. 江西财经大学学报，2016（6）：75-81.

［36］ Langpap C. Conservation of Endangered Species：Can Incentives Work for Private Landowners?［J］. *Ecological Economics*，2006（4）：558-572.

[37] 张玉梅，乔娟. 生态农业视角下养猪场（户）环境治理行为分析——基于北京郊区养猪场（户）的调研数据［J］. 技术经济，2014（7）：75-81.

[38] Khanna M，Isik M，Zilberman D. Cost-Effectiveness of Alternative Green Payment Policies for Conservation Technology Adoption with Heterogeneous Land Quality［J］. *Agricultural Economics*，2002（2）：157-174.

[39] 潘丹，孔凡斌. 养殖户环境友好型畜禽粪便处理方式选择行为分析——以生猪养殖为例［J］. 中国农村经济，2015（9）：17-29.

[40] 朱哲毅，应瑞瑶，周力. 畜禽养殖末端污染治理政策对养殖户清洁生产行为的影响研究——基于环境库兹涅茨曲线视角的选择性试验［J］. 华中农业大学学报（社会科学版），2016（5）：55-62.

[41] 林丽梅，刘振滨，杜焱强，等. 生猪规模养殖户污染防治行为的心理认知及环境规制影响效应［J］. 中国生态农业学报，2018（1）：156-166.

[42] 王桂霞，杨义风. 生猪养殖户粪污资源化利用及其影响因素分析——基于吉林省的调查和养殖规模比较视角［J］. 湖南农业大学学报（社会科学版），2017（3）：13-18.

[43] 国辉，袁红莉，耿兵，等. 牛粪便资源化利用的研究进展［J］. 环境科学与技术，2013（5）：68-75.

[44] Gross R，Leach M，Bauen A. Progress in Renewable Energy［J］. *Environment International*，2004（1）：105-122.

[45] De Vries J W，Groenestein C M，De Boer I J M. Environmental Consequences of Processing Manure to Produce Mineral Fertilizer and Bio-Energy［J］. *Journal of Environmental Management*，2012：173-183.

[46] 何可，张俊飚，田云. 农业废弃物资源化生态补偿支付意愿的影响因素及其差异性分析——基于湖北省农户调查的实证研究［J］. 资源科学，2013（3）：627-637.

[47] Loncaric Z，Vukobratovic M，Popvic B，et al. Computer Model for Evaluation of Plant Nutritional and Environmental Values of Organic Fertilizers［J］. *Cereal Research Communications*，2009：617-620.

[48] 薛颖昊，魏莉丽，徐志宇，等. 区域畜禽废弃物全量化处理利用的模式探索 [J]. 中国沼气，2018 (5)：77-81.

[49] 段妮娜，董滨，何群彪，等. 规模化养猪废水处理模式现状和发展趋势 [J]. 净水技术，2008 (4)：9-15.

[50] Materechera, S. A. Utilization and Management Practices of Animal Manure for Replenishing Soil Fertility Among Smallscale Crop Farmers in Semi-Arid Farming Districts of the North West Province, South Africa [J]. *Nutrient Cycling in Agroecosystems*, 2010 (3): 415-428.

[51] 白华艳. 发达国家生猪规模化养殖的粪污处理经验 [J]. 东华理工大学学报（社会科学版），2015 (3)：212-216.

[52] Balussou D, Heffels T, Mckenna R, et al. An Evaluation of Optimal Biogas Plant Configurations in Germany [J]. *Waste and Biomass Valorization*, 2014 (5): 743-758.

[53] Menardo S, Balsari P. An Analysis of the Energy Potential of Anaerobic Digestion of Agricultural By-Products and Organic Waste [J]. *Bioenergy Research*, 2012 (3): 759-767.

[54] Fujino J, Morita A, Matsuoka Y, et al. Vision for Utilization of Livestock Residue as Bioenergy Resource in Japan [J]. *Biomass & Bioenergy*, 2005 (5): 367-374.

[55] 李文哲，徐名汉，李晶宇. 畜禽养殖废弃物资源化利用技术发展分析 [J]. 农业机械学报，2013 (5)：135-142.

[56] 吕杰，王志刚，郗凤明，等. 循环农业中畜禽粪便资源化利用现状、潜力及对策——以辽中县为例 [J]. 生态经济，2015 (4)：107-113.

[57] 崔卫芳，谭春荐，周继洲，等. 三江源区生物质资源沼气化利用潜力评价 [J]. 干旱地区农业研究，2013 (5)：156-160.

[58] 杨媛媛，罗彬，吴艳娟. 规模化畜禽养殖面源污染特征及影响因素分析 [J]. 广州化工，2012 (23)：107-111.

[59] 孟海玲，董红敏，朱志平，等. 运行条件对膜生物反应器处理猪场厌氧消化液效果的影响 [J]. 农业工程学报，2008 (9)：179-183.

[60] 李金祥. 畜禽养殖废弃物处理及资源化利用模式创新研究 [J].

农产品质量与安全，2018（1）：3-7.

[61] 贾春雨. 规模化畜禽养殖场废弃物处理工程模式研究［J］. 环境科学与管理，2010（8）：29-30.

[62] 陈菲菲，张崇尚，王艺诺，等. 规模化生猪养殖粪便处理与成本收益分析［J］. 中国环境科学，2017（9）：3455-3463.

[63] 郑微微，沈贵银，李冉. 畜禽粪便资源化利用现状、问题及对策——基于江苏省的调研［J］. 现代经济探讨，2017（2）：57-61.

[64] 孔祥才，王桂霞. 我国畜牧业污染治理政策及实施效果评价［J］. 西北农林科技大学学报（社会科学版），2017（6）：75-80.

[65] 吴林海，许国艳，杨乐. 环境污染治理成本内部化条件下的适度生猪养殖规模的研究［J］. 中国人口·资源与环境，2015（7）：113-119.

[66] 舒朗山. 农户生猪养殖废弃物处置模式选择行为实证分析［D］. 杭州：浙江大学，2011.

[67] 孔凡斌，王智鹏，潘丹. 畜禽规模化养殖环境污染处理方式分析［J］. 江西社会科学，2016（10）：59-65.

[68] 虞祎，张晖，胡浩. 排污补贴视角下的养殖户环保投资影响因素研究——基于沪、苏、浙生猪养殖户的调查分析［J］. 中国人口·资源与环境，2012（2）：159-163.

[69] 张郁，齐振宏，孟祥海，等. 生态补偿政策情境下家庭资源禀赋对养猪户环境行为影响——基于湖北省 248 个专业养殖户（场）的调查研究［J］. 农业经济问题，2015（6）：82-91.

[70] 冯淑怡，罗小娟，张丽军，等. 养殖企业畜禽粪尿处理方式选择、影响因素与适用政策工具分析——以太湖流域上游为例［J］. 华中农业大学学报（社会科学版），2013（1）：12-18.

[71] 仇焕广，莫海霞，白军飞，等. 中国农村畜禽粪便处理方式及其影响因素——基于五省调查数据的实证分析［J］. 中国农村经济，2012（3）：78-87.

[72] 孟祥海，周海川，周海文. 区域种养平衡估算与养殖场种养结合意愿影响因素分析：基于江苏省的实证研究［J］. 生态与农村环境学报，2018（2）：132-139.

[73] Liu Y Z, Ji Y Q, Shao S, et al. Scale of Production, Agglomeration and Agricultural Pollutant Treatment: Evidence from a Survey in China [J]. *Ecological Economics*, 2017: 30-45.

[74] 宾幕容，周发明. 农户畜禽养殖污染治理的投入意愿及其影响因素——基于湖南省 388 家养殖户的调查 [J]. 湖南农业大学学报(社会科学版)，2015 (3): 87-92.

[75] 刘军，卓玉国. PPP 模式在环境污染治理中的运用研究 [J]. 经济研究参考，2016 (33): 40-42.

[76] 郭训成，方德东. 推进第三方环境污染治理 促进生态文明建设 [J]. 山东经济战略研究，2014 (8): 34-37.

[77] 任维彤，王一. 日本环境污染第三方治理的经验与启示 [J]. 环境保护，2014 (20): 34-38.

[78] 叶敏，闫兰玲. 杭州市环境污染第三方治理现状及发展对策 [J]. 环境科学与管理，2016 (7): 47-50.

[79] 董嘉明，范玲，吴洁珍，等. 政府在推进环境污染第三方治理中的作用研究 [J]. 环境与可持续发展，2016 (2): 27-31.

[80] 宋金波，宋丹荣，付亚楠. 垃圾焚烧发电 BOT 项目收益的系统动力学模型 [J]. 管理评论，2015 (3): 67-74.

[81] 张国兴，郭菊娥，席西民，等. 政府对秸秆替代煤发电的补贴策略研究 [J]. 管理评论，2008 (5): 33-36.

[82] Viaggi D, Raggi M, Paloma S. Farm-Household Investment Behaviour and the CAP Decoupling: Methodological Issues in Assessing Policy Impacts [J]. *Journal of Policy Modeling*, 2011 (1): 127-145.

[83] 郭晓鸣，李晓东. 中国畜牧业转型升级的挑战、成都经验与启示建议 [J]. 农村经济，2016 (11): 38-45.

[84] 赵俊伟，尹昌斌. 青岛市畜禽粪便排放量与肥料化利用潜力分析 [J]. 中国农业资源与区划，2016 (7): 108-115.

[85] 李俏，张波. 农业社会化服务需求的影响因素分析——基于陕西省 74 个村 214 户农户的抽样调查 [J]. 农村经济，2011 (6): 83-87.

[86] 宋海英，姜长云. 农户对农机社会化服务的选择研究——基于 8 省份小麦种植户的问卷调查 [J]. 农业技术经济，2015 (9):

27-36.

[87] 夏蓓，蒋乃华. 种粮大户需要农业社会化服务吗——基于江苏省扬州地区 264 个样本农户的调查［J］. 农业技术经济，2016（8）：15-24.

[88] 赵俊伟，黄显雷，尹昌斌. PPP 模式下养猪场户对粪污处理社会化服务的需求分析——以河南省为例［J］. 江苏农业科学，2019（7）：297-302.

[89] Hanemann M W. Welfare Evaluations in Contingent Valuation Experiments with Discrete Responses［J］. *American Journal of Agricultural Economics*，1987（1）：182-184.

[90] 文首文，魏东平. 游客对旅游地教育服务的支付意愿研究［J］. 经济地理，2012（10）：170-176.

[91] Klerkx L，Leeuwis C. Matching Demand and Supply in the Agricultural Knowledge Infrastructure：Experiences with Innovation Intermediaries［J］. *Food Policy*，2008（3）：260-276.

[92] 王克俭，张岳恒. 规模化生猪养殖污染防控的价值分析——基于支付意愿的视角［J］. 农村经济，2016（2）：101-107.

[93] 潘亚茹，罗良国，刘宏斌. 基于 Heckman 模型的支付意愿及强度的影响因素研究——以大理州 276 个奶牛养殖户为例［J］. 中国农业资源与区划，2017（12）：99-107.

[94] 杨卫兵，丰景春，张可. 农村居民水环境治理支付意愿及影响因素研究——基于江苏省的问卷调查［J］. 中南财经政法大学学报，2015（4）：58-65.

[95] 唐旭，张越，方向明. 农村居民生活垃圾收运费用与支付意愿研究——基于全国五省的调查［J］. 中国农业大学学报，2018（8）：204-211.

[96] 葛颜祥，梁丽娟，王蓓蓓，等. 黄河流域居民生态补偿意愿及支付水平分析——以山东省为例［J］. 中国农村经济，2009（10）：77-85.

[97] 何可，张俊飚. 农业废弃物资源化的生态价值——基于新生代农民与上一代农民支付意愿的比较分析［J］. 中国农村经济，2014（5）：62-73.

[98] 郭霞，朱建军，刘晓光. 农技推广服务外包农户支付意愿及支付水平影响因素的实证分析——基于山东省种植业农户的调查 [J]. 农业现代化研究，2015 (1)：62-67.

[99] 程会强. 农村环境保护体系的构建策略 [J]. 改革，2017 (11)：50-53.

[100] 王金南，逯元堂，程亮，等. 国家重大环保工程项目管理的研究进展 [J]. 环境工程学报，2016 (12)：6801-6808.

[101] 郑黄山，陈淑凤，孙小霞，等. 为什么"污染者付费原则"在农村难以执行？——南平养猪污染第三方治理中养猪户付费行为研究 [J]. 中国生态农业学报，2017 (7)：1081-1089.

[102] 魏晋，李娟，冉瑞平，等. 中国农村环境污染防治研究综述 [J]. 生态环境学报，2010 (9)：2253-2259.

[103] 李冉. 我国畜禽养殖污染防治现状、问题及政策建议——基于生猪养殖大省湖南的调查 [J]. 经济研究参考，2013 (43)：41-46.

[104] 苏新莉. 环境污染的经济学分析及其制度安排 [D]. 北京：中国地质大学，2003.

[105] Brown A J. Collaborative Governance Versus Constitutional Politics: Decision Rules for Sustainability from Australia' S South East Queensland Forest Agreement [J]. *Environmental Science & Policy*, 2002 (1): 19-32.

[106] 许玲燕，杜建国，汪文丽. 农村水环境治理行动的演化博弈分析 [J]. 中国人口·资源与环境，2017 (5)：17-26.

[107] 张诩，乔娟，沈鑫琪. 养殖废弃物治理经济绩效及其影响因素——基于北京市养殖场（户）视角 [J]. 资源科学，2019 (7)：1250-1261.

[108] 单凌云，朱明侠. "责任共担"下企业环境社会责任实施机制构建 [J]. 环境保护，2012 (16)：35-37.

[109] 李远. 我国规模化畜禽养殖业存在的环境问题与防治对策 [J]. 上海环境科学，2002 (10)：597-599.

[110] 杨小山，刘建成，林奇英. 中国农业面源污染的制度根源及其控制对策 [J]. 福建论坛（人文社会科学版），2008 (3)：25-28.

[111] 张勇. 吉林省典型区畜禽养殖污染风险评价与空间优化布局研究 [D]. 长春：吉林大学，2016.

[112] 孟祥海，刘黎，周海川，等. 畜禽养殖污染防治个案分析 [J]. 农业现代化研究，2014（5）：562-567.

[113] 张维理，武淑霞，冀宏杰，等. 中国农业面源污染形势估计及控制对策 I. 21 世纪初期中国农业面源污染的形势估计 [J]. 中国农业科学，2004（7）：1008-1017.

[114] 马越洋. 济源市畜禽养殖废弃物治理研究 [D]. 郑州：郑州大学，2016.

[115] Schaffner M，Bader H P，Scheidegger R. Modeling the Contribution of Pig Farming to Pollution of the Thachin River [J]. *Clean Technologies&Environmental Policy*，2010（4）：407-425.

[116] 章明奎. 畜禽粪便资源化循环利用的模式和技术 [J]. 现代农业科技，2010（14）：280-283.

[117] 王明远. "循环经济"概念辨析 [J]. 中国人口·资源与环境，2005（6）：13-18.

[118] 孔祥才. 畜禽养殖污染的经济分析及防控政策研究 [D].长春：吉林农业大学，2017.

[119] Bluemling B，Wang F. An Institutional Approach to Manure Recycling：Conduit Brokerage in Sichuan Province，China [J]. *Resources Conservation and Recycling*，2018：396-406.

[120] 吕志奎. 第三方治理：流域水环境合作共治的制度创新 [J]. 学术研究，2017（12）：77-83.

[121] Ajzen I，Driver B L. Prediction of Leisure Participation from Behavioral，Normative，and Control Beliefs：An Application of the Theory of Planned Behaviour [J]. *Leisure Sciences*，1991（3）：185-204.

[122] 段文婷，江光荣. 计划行为理论述评 [J]. 心理科学进展，2008（2）：315-320.

[123] Kiriakidis S P. Application of the Theory of Planned Behavior to Recidivism：The Role of Personal Norm in Predicting Behavioral Intentions of Re-Offending 1 [J]. *Journal of Applied Social Psychology*，2010（9）：2210-2221.

[124] 黄宗智. 略论华北近数百年的小农经济与社会变迁——兼及社会经济史研究方法 [J]. 中国社会经济史研究, 1986 (2): 9-15.

[125] 张五常. 农民被剥削了吗? [J] 社会观察, 2011 (1): 76-77.

[126] Bergevoet R H M, Saatkamp H W, Woerkum van C M J, et al. A Study on Entrepreneurial Competencies and Characteristics of Dutch Dairy Farmers: Differences Between Large and Small Farms [R]. IAMO. AgriMedia, 2003.

[127] 李爽. 基于演化博弈的低碳经济行为研究 [D]. 长春: 吉林大学, 2012.

[128] Jensen, M. C., Meckling, W. H. Theory of the Firm: Managerial Behavior, Agency Costs and Ownership Structure [J]. *Social Science Electronic Publishing*, 1976 (4): 305-360.

[129] 张维迎. 所有制、治理结构及委托—代理关系——兼评崔之元和周其仁的一些观点 [J]. 经济研究, 1996 (9): 3-15.

[130] 陈阿江, 林蓉. 农业循环的断裂及重建策略 [J]. 学习与探索, 2018 (7): 26-33.

[131] 王婧. 环境视角下的"传统小农"和"新中农"现象——基于南方稻作区黔、皖若干农户的微观行为考察 [J]. 南京工业大学学报 (社会科学版), 2017 (2): 39-45.

[132] 尹昌斌, 周颖, 刘利花. 我国循环农业发展理论与实践 [J]. 中国生态农业学报, 2013 (1): 47-53.

[133] 周力. 产业集聚、环境规制与畜禽养殖半点源污染 [J]. 中国农村经济, 2011 (2): 60-73.

[134] 姜海, 杨杉杉, 冯淑怡, 等. 基于广义收益—成本分析的农村面源污染治理策略 [J]. 中国环境科学, 2013 (4): 762-767.

[135] 王欢, 乔娟. 中国生猪生产布局变迁的经济学分析 [J]. 经济地理, 2017 (8): 129-136.

[136] 郑瑞强. 基于要素供给的我国生猪产业阶段性特征与发展趋势分析 [J]. 商业研究, 2016 (2): 20-27.

[137] 肖红波, 王济民. 我国生猪业发展的现状、问题及对策 [J]. 农业经济问题, 2008 (S1): 4-8.

[138] 秦建军，武拉平，闫逢柱. 产业地理集聚对产业成长的影响——基于中国农产品加工业的实证分析 [J]. 农业技术经济，2010 (1)：104-111.

[139] Rosenthal S S，Strange W C. Evidence on the Nature and Sources of Agglomeration Economies [A] //Handbook of Regional and Urban Economics [M]. Elsevier，2004.

[140] 韩冬梅，金书秦，胡钰，等. 生猪养殖格局变化中的环境风险与防范 [J]. 中国生态农业学报（中英文），2019 (6)：951-958.

[141] 宾幕容，覃一枝，周发明. 湖南省生猪规模养殖环境成本评估 [J]. 农业现代化研究，2017 (6)：1044-1051.

[142] 徐国梅，张雷. 农村水环境面源污染的思考与几点对策 [J]. 环境科学与管理，2011 (5)：14-17.

[143] Bluemling，B.，Mol，A. P. J.，Tu，Q. The Social Organization of Agricultural Biogas Production and Use [J]. *Energy Policy*，2013：10-17.

[144] 黄季焜，刘莹. 农村环境污染情况及影响因素分析——来自全国百村的实证分析 [J]. 管理学报，2010 (11)：1725-1729.

[145] 王俊能，许振成，杨剑. 我国畜牧业的规模发展模式研究——从环保的角度 [J]. 农业经济问题，2012 (8)：13-18.

[146] Zheng C H，Bluemling B，Liu Y，et al. Managing Manure from China's Pigs and Poultry：The Influence of Ecological Rationality [J]. *AMBIO*，2014 (5)：661-672.

[147] 李勇. 关于发展饲养专业户的调查研究 [J]. 南京农业大学学报，1984 (4)：101-106.

[148] 李勇. 发展我国畜牧业的一条路子——饲养专业户 [J]. 饲料研究，1981 (5)：3-6.

[149] 赵亮. 我国饲料产业研究 [D]. 武汉：华中农业大学，2006.

[150] 石元亮，王玲莉，刘世彬，等. 中国化学肥料发展及其对农业的作用 [J]. 土壤学报，2008 (5)：852-864.

[151] 仇焕广，严健标，蔡亚庆，等. 我国专业畜禽养殖的污染排放与治理对策分析——基于五省调查的实证研究 [J]. 农业技术经济，2012 (5)：29-35.

[152] 伞磊，彭义，刘力，等. 三峡库区农户规模养猪场对环境的污染及防治［J］. 西南农业大学学报（自然科学版），2006（2）：342-344.

[153] 何凌云，黄季焜. 土地使用权的稳定性与肥料使用——广东省实证研究［J］. 中国农村观察，2001（5）：42-48.

[154] 孙若梅. 畜禽养殖废弃物资源化的困境与对策［J］. 社会科学家，2018（2）：22-26.

[155] Sullivan J，Vasavada U，Smith M. Environmental Regulation and the Location of Hog Production［J］. *Agricultural Outlook*，2000（274）：19-23.

[156] 李孟娇，董晓霞，郭江鹏. 美国奶牛规模化养殖的环境政策与粪污处理模式［J］. 生态经济，2014（7）：55-59.

[157] Nakao Y，Amano A，Matsumura K，et al. Relationship Between Environmental Performance and Financial Performance：An Empirical Analysis of Japanese Corporations［J］. *Business Strategy and the Environment*，2007（2）：106-118.

[158] 汤吉军. 市场结构与环境污染外部性治理［J］. 中国人口·资源与环境，2011（3）：1-4.

[159] 杜焱强，刘平养，吴娜伟. 政府和社会资本合作会成为中国农村环境治理的新模式吗？——基于全国若干案例的现实检验［J］. 中国农村经济，2018（12）：67-82.

[160] 董红敏，左玲玲，魏莎，等. 建立畜禽废弃物养分管理制度　促进种养结合绿色发展［J］. 中国科学院院刊，2019（2）：180-189.

[161] 熊文强，王新杰. 农业清洁生产模型与实证研究［J］. 中国人口·资源与环境，2010（11）：154-160.

[162] 王波，黄光伟. 我国农村生态环境保护问题研究［J］. 生态经济，2006（12）：138-141.

[163] Friedman D. Evolutionary Games in Economics［J］. *Econometrica*，1991（3）：637-666.

[164] 成冰，陈刚，李保明. 规模化养猪业粪污治理与清粪工艺［J］. 世界农业，2006（5）：50-51.

[165] 袁平，朱立志. 中国农业污染防控：环境规制缺陷与利益相关者的逆向选择 [J]. 农业经济问题，2015 (11)：73-80.

[166] 赵玉民，朱方明，贺立龙. 环境规制的界定、分类与演进研究 [J]. 中国人口·资源与环境，2009 (6)：85-90.

[167] 梁流涛，翟彬. 农户行为层面生态环境问题研究进展与述评 [J]. 中国农业资源与区划，2016 (11)：72-80.

[168] Cragg J G. Somc Statistical Models for Limited Dependent Variables with Application to the Demand for Durable Goods [J]. *Econometrica*, 1971 (5)：829-844.

[169] Teklewold H, Dadi L, Yami A, et al. Determinants of Adoption of Poultry Technology：A Double-Hurdle Approach [J]. *Livestock Research for Rural Development*, 2006 (3)：75-86.

[170] 赵俊伟，姜昊，陈永福，等. 生猪规模养殖粪污治理行为影响因素分析——基于意愿转化行为视角 [J]. 自然资源学报，2019 (8)：1708-1719.

[171] Kraft P, Rise J, Sutton S, et al. Perceived Difficulty in the Theory of Planned Behaviour：Perceived Behavioural Control Or Affective Attitude? [J]. *British Journal of Social Psychology*, 2005 (3)：479-496.

[172] Gollwitzer P M. Implementation Intentions：Strong Effects of Simple Plans [J]. *American Psychologist*, 1999 (1999)：493-503.

[173] Armitage C J, Conner M. Efficacy of the Theory of Planned Behaviour：A Meta-Analytic Review [J]. *British Journal of Social Psychology*, 2001 (4)：471-499.

[174] Zeithaml V A. The Behavioral Consequences of Service Quality [J]. *Journal of Marketing*, 1996 (2)：31-46.

[175] Mceachan R R C, Conner M, Taylor N J, et al. Prospective Prediction of Health-Related Behaviours with the Theory of Planned Behaviour：A Meta-Analysis [J]. *Health Psychology Review*, 2011 (2)：97-144.

[176] Wegner D M. The Illusion of Conscious Will [M]. Cambridge, MA：

Mit Press, 2003: 197-213.

[177] Sheeran P. Intention—Behavior Relations: A Conceptual and Empirical Review [J]. *European Review of Social Psychology*, 2002 (1): 1-36.

[178] Mueller, William. The Effectiveness of Recycling Policy Options: Waste Diversion or Just Diversions? [J] *Waste management*, 2013 (3): 508-518.

[179] 汪应洛. 系统工程理论、方法与应用 [M]. 北京: 高等教育出版社, 1998.

[180] 胡敏华. 农民理性及其合作行为问题的研究述评——兼论农民"善分不善合" [J]. 财贸研究, 2007 (6): 46-52.

[181] 彭文平. 农民理性行为与农村经济可持续发展 [J]. 江西财经大学学报, 2002 (6): 23-26.

[182] 涂国平, 冷碧滨. 生猪规模养殖废弃物处理的动态演化博弈 [J]. 生态经济 (学术版), 2013 (2): 178-182.

[183] 陈婷婷, 周伟国, 阮应君. 大型养殖业粪污处理沼气工程导入CDM 的可行性分析 [J]. 中国沼气, 2007 (3): 7-9.

[184] 孔祥才. 基于成本收益视角的生猪养殖粪便处理方式选择分析 [J]. 黑龙江畜牧兽医, 2018 (16): 59-62.

[185] 涂国平, 张浩. 我国大型养殖场沼气工程经济效益分析——以江西泰华牧业科技有限公司为例 [J]. 中国沼气, 2017 (4): 73-78.

[186] Foxall G R. The Behavior Analysis of Consumer Choice: An Introduction to the Special Issue [J]. *Journal of Economic Psychology*, 2003 (5): 581-588.

[187] 莫海霞, 仇焕广, 王金霞, 等. 我国畜禽排泄物处理方式及其影响因素 [J]. 农业环境与发展, 2011 (6): 59-64.

[188] 韩永胜, 张淑芬. 肉牛粪污肥料化处理与还田技术 [J]. 黑龙江畜牧兽医, 2016 (18): 66-67.

[189] Colman D. Ethics and Externalities: Agricultural Stewardship and Other Behaviour: Presidential Address [J]. *Journal of Agricultural Economics*, 1994 (3): 299-311.

[190] 赖力，黄贤金，王辉，等. 中国化肥施用的环境成本估算 [J]. 土壤学报，2009 (1)：63-69.

[191] 郭晓. 规模化畜禽养殖业控制外部环境成本的补贴政策研究 [D]. 重庆：西南大学，2012.

[192] 马荣华，丁一凡，南国良，等. 基于 CDM 的规模猪场大型沼气工程经济评价 [J]. 中国畜牧杂志，2008 (17)：50-52.

[193] Rasul G，Thapa G B. Sustainability of Ecological and Conventional Agricultural Systems in Bangladesh：An Assessment Based on Environmental，Economic and Social Perspectives [J]. *Agricultural Systems*，2004 (3)：327-351.

[194] 戴婧，陈彬，齐静. 低碳沼气工程建设的生态经济效益核算研究——以广西恭城瑶族自治县为例 [J]. 中国人口·资源与环境，2012 (3)：157-163.

[195] 陈明波，汪玉璋，杨晓东，等. 规模畜禽场沼气工程经济效益评价与存在问题研究 [J]. 安徽农业科学，2014 (29)：10269-10271.

[196] 王丽丽. 沼气产业化基本理论与大中型沼气工程资源配置优化研究 [D]. 长春：吉林大学，2012.

[197] 陈娟. 湖北省农村生物质能源产业布局与发展研究 [D]. 武汉：华中农业大学，2012.

[198] 武深树，谭美英，刘伟. 沼气工程对畜禽粪便污染环境成本的控制效果 [J]. 中国生态农业学报，2012 (2)：247-252.

[199] 李鹏，彭舜磊. "四位一体" 沼气工程的生态经济效益分析研究——以河南平顶山市沼气工程为例 [J]. 江西农业学报，2013 (2)：92-94.

[200] 刘晓永，李书田. 中国畜禽粪尿养分资源及其还田的时空分布特征 [J]. 农业工程学报，2018 (4)：1-14.

[201] 张田，卜美东，耿维. 中国畜禽粪便污染现状及产沼气潜力 [J]. 生态学杂志，2012 (5)：1241-1249.

[202] 黎学琴. 牲畜养殖场沼气工程效益评价及激励机制研究 [D]. 北京：北京建筑大学，2014.

[203] 金小琴. 农村户用沼气项目实施效果评价——基于四川省实证

[J]. 农村经济，2016（8）：90-94.

[204] 何大安. 行为理性主体及其决策的理论分析 [J]. 中国工业经济，2013（7）：5-17.

[205] 肖萍，朱国华. 农村环境污染第三方治理契约研究 [J]. 农村经济，2016（4）：104-108.

[206] 赵俊伟，陈永福，尹昌斌. 生猪养殖粪污处理社会化服务的支付意愿与支付水平分析 [J]. 华中农业大学学报（社会科学版），2019（4）：90-97.

[207] Yang Y H, Hou Y L, Wang Y Q. On the Development of Public-Private Partnerships in Transitional Economies: An Explanatory Framework [J]. *Public Administration Review*, 2013（2）：301-310.

[208] Villani E, Greco L, Phillips N. Understanding Value Creation in Public-Private Partnerships: A Comparative Case Study [J]. *Journal of Management Studies*, 2017（6）：876-905.

[209] 曹莉萍. 市场主体、绩效分配与环境污染第三方治理方式 [J]. 改革，2017（10）：95-104.

[210] 周五七. 中国环境污染第三方治理形成逻辑与困境突破 [J]. 现代经济探讨，2017（1）：33-37.

[211] 阿林·杨格，贾根良. 报酬递增与经济进步 [J]. 经济社会体制比较，1996（2）：52-57.

[212] 谢海燕. 环境污染第三方治理实践及建议 [J]. 宏观经济管理，2014（12）：61-62.

[213] 罗必良. 科斯定理：反思与拓展——兼论中国农地流转制度改革与选择 [J]. 经济研究，2017（11）：178-193.

[214] 刘超. 管制、互动与环境污染第三方治理 [J]. 中国人口·资源与环境，2015（2）：96-104.

[215] 刘彩霞. 第三方治理在环境污染中的应用研究——以南平市延平区为例 [J]. 现代商贸工业，2017（24）：28-29.

[216] 王翠霞，丁雄，贾仁安，等. 农业废弃物第三方治理政府补贴政策效率的SD仿真 [J]. 管理评论，2017（11）：216-226.

[217] 谷晓明，邢可霞，易礼军，等. 农村养殖户畜禽粪污综合利用的

公共私营合作制（PPP）模式分析［J］. 生态与农村环境学报，2017（1）：62-69.

［218］ 赵希智，周国乔，朱旭鑫. 畜禽粪污资源化利用典型技术模式——畜禽粪污集中处理技术（第三方 PPP 模式）［J］. 甘肃畜牧兽医，2017（11）：51-53.

［219］ 吴玉萍. 高台县第三方治理有成效但仍存问题［J］. 中国环境报，2017-01-13.

［220］ 李冉，沈贵银，金书秦. 畜禽养殖污染防治的环境政策工具选择及运用［J］. 农村经济，2015（6）：95-100.

［221］ 王火根，黄弋华，张彩丽. 畜禽养殖废弃物资源化利用困境及治理对策——基于江西新余第三方运行模式［J］. 中国沼气，2018（5）：105-111.

［222］ 时鹏，余劲. 农户生态移民意愿及影响因素研究——以陕西省安康市为例［J］. 中国农业大学学报，2013（1）：218-228.

［223］ 钟晓兰，李江涛，冯艳芬，等. 农户认知视角下广东省农村土地流转意愿与流转行为研究［J］. 资源科学，2013（10）：2082-2093.

［224］ Hackl F，Pruckner G J. On the Gap Between Payment Card and Closed-Ended CVM-answers［J］. *Applied Economics*，1999（6）：733-742.

［225］ Kotchen M J，Reiling S D. Environmental Attitudes，Motivations，and Contingent Valuation of Nonuse Values：A Case Study Involving Endangered Species［J］. *Ecological Economics*，2000（1）：93-107.

［226］ 布林. 删截、选择性样本和截断数据的回归模型［M］. 上海：上海人民出版社，格致出版社，2012.

［227］ 熊凯，孔凡斌. 农户生态补偿支付意愿与水平及其影响因素研究——基于鄱阳湖湿地 202 户农户调查数据［J］. 江西社会科学，2014（6）：85-90.

［228］ 王颖林，刘继才，赖芨宇. 基于投资方投机行为的 PPP 项目激励机制博弈研究［J］. 管理工程学报，2016（2）：223-232.

［229］ 郭振宗. 我国农业制度创新对农业科技进步激励：原因及对策［J］. 农业经济问题，1998（10）：15-18.

附　　录

附录Ⅰ：相关表格

附表1　沼气工程项目基本建设费用

序号	名称	外形尺寸	单位	数量	总价（万元）
1	沉淀池	5m×5m×2.8m	座	3	20.16
2	厌氧沼气池	4m×12m×3.5m	座	24	240.00
3	沼液储存池	1.2m×16m×3.5m	座	1	6.45
4	集水井	d5m×4.5m	座	1	3.00
5	接触氧化池	4m×5m×6m	座	1	11.52
6	调节池	4m×5m×6m	座	1	11.52
7	SBR 池	8m×7m×4m	座	1	21.50
8	储水池	折流结构	座	1	5.66
9	锅炉房		间	1	8.50
10	配电室		间	1	2.31
11	安装费				13.44
合计					344.06

资料来源：项目建设方案与实地调研

附表2　沼气工程项目主要设备费用

序号	名称	单位	数量	总价（万元）
1	曝气装置	套	2	4.9
2	罗茨风机	套	2	1.6
3	红泥沼气袋	个	24	14.4
4	滗水器	套	1	6.5

（续表）

序号	名称	单位	数量	总价（万元）
5	潜水搅拌器	套	1	1.2
6	工艺管道	套	1	10.0
7	气泵	套	2	0.8
8	电控系统	套	1	7.0
9	污水泵	套	4	2.0
10	燃气发电机组	台	1	55.0
11	脱硫系统	套	1	5.0
12	固液分离机	台	2	10.0
13	阀门、管件、保温	套	1	12.0
14	沼气锅炉	套	1	4.0
合计				134.4

资料来源：项目建设方案与实地调研

附表 3　主要设备功率统计表

序号	名称	功率（kW）	单位	数量	运行功率（kW）	日运行时间（h）	日耗电量（kW·h）
1	罗茨风机	11	套	2	22	12	264
2	污水泵	3	套	4	6	6	36
3	气泵	7.5	套	2	15	3	45
4	滗水器	1.5	套	1	1.5	6	9
5	潜水搅拌器	15	套	1	15	5	75
6	固液分离机	2.4	套	2	4.8	5	24
合计		44.4		12	64.3	37	453

资料来源：项目建设方案与实地调研

附表 4　粪污处理项目基本建设费用

序号	名称	外形尺寸	单位	数量	总价（万元）
1	堆肥发酵场	$200m^2$	座	1	8.00
2	粪肥储存场	$200m^2$	座	1	8.00
3	污水池	$18m^3$	座	2	1.80
4	厌氧池	$96m^3$	座	1	4.80
5	厌氧保温棚	$60m^3$	座	1	3.00

（续表）

序号	名称	外形尺寸	单位	数量	总价（万元）
6	沼液储存池	1 800m^3	座	1	14.40
7	污水管	300m	套	1	1.80
8	安装费				2.18
合计					43.98

资料来源：项目建设方案与实地调研

附表 5　粪污处理项目主要设备费用

序号	名称	单位	数量	总价（万元）
1	小型铲车	台	1	4.50
2	提升泵	台	2	0.42
3	固液分离机	台	1	7.60
4	脉冲布水器	套	1	2.40
5	电气控制系统	套	1	0.50
合计				15.42

资料来源：项目建设方案与实地调研

附录Ⅱ：调研问卷

尊敬的养殖户：您好！我们在贵地区开展生猪规模养殖粪污资源化利用情况的调研，采用不记名形式，调研结果只用于学术研究，请根据您的实际情况实事求是作答，衷心感谢您的合作与支持！

问卷编号：________　调查人：________　调查日期：________年________月________日

调查地：________省________市________县________乡（镇）________村

一、基本信息

1. 性别：________（0 男，1 女）

2. 年龄：________岁

3. 文化程度：________（0 高中以下；1 高中及以上）

4. 您是否是公务员/村干部：________（0 否，1 是）；是否党员：________（0 否，1 是）

5. 您开始从事养猪年份：________年；养殖生猪的经营性质________（0 主业，1 副业）

6. 猪场所处地形：________A 平原，B 丘陵，C 山区

7. 猪场占地________平方米，设计饲养量________头，其中粪污设施区占地________平方米

8. 养殖规模：2017 年均存栏________头，年出栏________头，年均净利________元/头

2016 年均存栏________头，年出栏________头

9. 猪场距离村庄________米，距离主干路________米，距离河流________米，距离最近农田________米

10. 猪场是否由于粪污治理问题进行过改建或搬迁？________A 没有，B 有

11. 农田经营情况：

共有农田________亩，是否有流转入农田？________A 没有，B 有。若有，则流转入________亩

(i) 猪场附近流转农田的价格________元/亩，您认为流转价格高吗？________A 很低，B 低，C 一般，D 有点高，E 非常高

(ii) 农田流转难易程度如何？________A 非常难，B 较难，C 一般，D 容易，E 非常容易

(iii) 流转农田的目的是什么？________A 发展种植业，B 为了消纳粪污，不关心种植收益，C 种养结合，环保收益“双赢”，D 应付政府部门检查粪污治理，E 其他

二、粪污治理状况

1. 您家猪场是否配套粪污处理设施并进行粪污治理？________A 否，B 是

2. 猪场采用的清粪工艺：________A 干清粪，B 水泡粪，C 水冲粪，D 其他

3. 猪场是否进行雨污分离？________A 否，B 是

4. 猪场处理设施情况：

(1) 猪场是否配备有粪污处理设施？________A 没有，B 有

(2) 若有，配备的是（可多选）：________

A 储粪场/池，B 污水池/（三级）沉淀池，C 沼气池，D 其他

(3) 猪场建造粪污处理设施的主要原因是？（可多选）________

A 政府要求，B 政府给予补贴，C 效仿别的猪场，D 粪污处理需要，E 其他

5. 目前，猪场采用的粪污处理模式是？________A 深度处理达标排放，B 能源化（沼气）处理利用，C 肥料化还田利用，D 第三方治理，E 无（直接排放），F 其他

6. 猪粪和污水处理利用情况：

(1) 污水：________A 沼气池处理，B 污水池存放还田，C 三级沉淀，D 直接排放，E 其他________

(2) 猪粪：________A 堆沤还田，B 制沼气，C 出售，D 送人，E 废弃，F 其他________

7. 粪污治理的主要资金来源________A 政府补贴，B 自有资金，C 银行贷款，D 民间借贷，E 其他

8. 猪粪若出售，出售对象是________，出售价格________元/立方米

A 种植户（大田、果园、菜园等），B 个体商贩，C 有机肥厂，D 其他

三、粪便污染与粪污治理认知

1. 您认为粪便处理不当是否对猪场周围环境造成污染？________ A 否，B 是

2. 粪便污染对猪的健康生长是否有影响？________ A 没有，B 有

3. 粪便污染对人的身体健康是否有影响？________ A 没有，B 有

4. 您对粪污处理的技术是否了解？________ A 不了解，B 了解

5. 您认为您家猪场是否具备粪污治理的经济条件？________ A 不具备，B 具备

6. 若将粪污处理后装运还田，您认为粪污装运是否容易？________ A 不容易，B 容易

7. 您家猪场产生的粪污能否被完全消纳？________ A 不能，B 能

8. 周边群众是否因猪场养殖污染问题向您提出意见？________ A 否，B 是

9. 您是否愿意配套粪污处理设施进行粪污治理？________ A 不愿意，B 愿意

若不愿意，原因是________

10. 若通过第三方治理企业收集处理粪污，猪场是否存在外来车辆消毒不便问题？________ A 不存在，B 存在

11. 您认为第三方治理能否达到预期的粪污治理目标？________ A 不能，B 能

12. 您是否愿意通过第三方治理企业对粪污进行集中收集处理？________ A 不愿意，B 愿意

13. 若选择第三方治理企业集中收集处理粪污，您是否愿意为其提供的粪污治理社会化服务支付一定的费用？________ A 不愿意，B 愿意

若愿意，您最多愿意支付________元/（头·年）（根据预调研情况设定起始标的值为 5）。

四、政府行为与政策认知

1. 政府相关部门对猪场粪污治理是否进行过监管？________ A 否，B 是

2. 政府相关部门有没有针对粪污治理问题进行过宣传？________ A 没

有，B有

3. 您有没有接受过粪污处理相关培训？________A没有，B有

若有，是什么单位提供指导培训？________A政府，B饲料企业，C其他

4. 猪场是否进行了环境影响评价？________A否，B是

5. 猪场是否因为粪污治理问题被要求限期整改？________A没有，B有

6. 您是否了解粪污治理方面的政策法规？________A不了解，B了解

7. 您是否知道禁养/限养与养殖粪便污染有关？________A不知道，B知道

8. 在粪污治理方面是否享受过政府补贴？________A没有，B有

若有政府补贴，您认为补贴标准如何？________A非常低，B较低，C适度，D较高，E非常高

9. 粪污治理的奖励措施：

（1）若粪污治理达标，政府是否有奖励措施？________A没有，B有，C不知道

（2）若有，具体奖励措施是什么？________

您认为这种奖励措施对促进粪污治理的作用明显吗？________A不明显，B不太明显，C一般，D有些明显，E非常明显

五、粪污处理成本收益

成本部分：

1. 占地费：________元/年

2. 基建（储粪场、污水池、沼气池等）：________万元，预计使用年限________年

3. 铺设管网费用：________万元，预计使用年限________年

4. 干湿分离机：________万元，预计使用年限________年

5. 其他机械设备：清粪车________万元，预计使用________年；清粪工具________元，预计使用________年；污水泵________元，预计使用年限________年

6. 粪污处理的人工费：________元/年

7. 粪污处理的电费：________元/年

8. 粪污处理的油（汽油、柴油）费：________元/年

9. 维修费：________元/年
10. 其他费用：________元/年
收益部分：
1. 节约用水（循环利用）：________吨/年，当地水价________元/吨
2. 粪肥销售：________元/年
3. 节省肥料：________元/年
4. 种植业产值增加：________元/年
5. 沼气产品收入：________元/年